Zur Einführung.

Die Werkstattbücher behandeln das Gesamtgebiet der Werkstattstechnik in kurzen selbständigen Einzeldarstellungen; anerkannte Fachleute und tüchtige Praktiker bieten hier das Beste aus ihrem Arbeitsfeld, um ihre Fachgenossen schnell und gründlich in die Betriebspraxis einzuführen.

Die Werkstattbücher stehen wissenschaftlich und betriebstechnisch auf der Höhe, sind dabei aber im besten Sinne gemeinverständlich, so daß alle im Betrieb und auch im Büro Tätigen, vom vorwärtsstrebenden Facharbeiter bis zum leitenden Ingenieur, Nutzen aus ihnen ziehen können.

Indem die Sammlung so den einzelnen zu fördern sucht, wird sie dem Betrieb als Ganzem nutzen und damit auch der deutschen technischen Arbeit im Wettbewerb der Völker.

Bisher sind erschienen:

Heft 1: **Gewindeschneiden.** Zweite, vermehrte und verbesserte Auflage. Von Oberingenieur O. M. Müller.

Heft 2: **Meßtechnik.** Zweite, verbesserte Auflage. (7.—14. Tausend.) Von Professor Dr. techn. M. Kurrein.

Heft 3: **Das Anreißen in Maschinenbauwerkstätten.** Zweite, völlig neubearbeitete Auflage. (13.—18. Tausend.) Von Ing. Fr. Klautke.

Heft 4: **Wechselräderberechnung für Drehbänke.** (7.—12. Tausend.) Von Betriebsdirektor G. Knappe.

Heft 5: **Das Schleifen der Metalle.** Zweite, verbesserte Auflage. Von Dr.-Ing. B. Buxbaum.

Heft 6: **Teilkopfarbeiten.** (7.—12. Tausend.) Von Dr.-Ing. W. Pockrandt.

Heft 7: **Härten und Vergüten.** 1. Teil: **Stahl und sein Verhalten.** Dritte, verbess. u. vermehrte Aufl. (18.—24. Tsd.) Von Dr.-Ing. Eugen Simon.

Heft 8: **Härten und Vergüten.** 2. Teil: **Praxis der Warmbehandlung.** Zweite, verbesserte Aufl. (16.—17. Tsd.) Von Dr.-Ing. Eugen Simon.

Heft 9: **Rezepte für die Werkstatt.** 2. verbess. Aufl. (11.-16. Tsd.) Von Dr. Fritz Spitzer.

Heft 10: **Kupolofenbetrieb.** 2. verbess. Aufl. Von Gießereidirektor C. Irresberger.

Heft 11: **Freiformschmiede.** 1. Teil: **Technologie des Schmiedens. — Rohstoffe der Schmiede.** Von Direktor P. H. Schweißguth.

Heft 12: **Freiformschmiede.** 2. Teil: **Einrichtungen und Werkzeuge der Schmiede.** Von Direktor P. H. Schweißguth.

Heft 13: **Die neueren Schweißverfahren.** Zweite, verbesserte u. vermehrte Auflage. Von Prof. Dr.-Ing. P. Schimpke.

Heft 14: **Modelltischlerei.** 1. Teil: **Allgemeines. Einfachere Modelle.** Von R. Löwer.

Heft 15: **Bohren.** Von Ing. J. Dinnebier.

Heft 16: **Reiben und Senken.** Von Ing. J. Dinnebier.

Heft 17: **Modelltischlerei.** 2. Teil: **Beispiele von Modellen und Schablonen zum Formen.** Von R. Löwer.

Heft 18: **Technische Winkelmessungen.** Von Prof. Dr. G. Berndt.

Heft 19: **Das Gußeisen.** Von Ing. Joh. Mehrtens.

Heft 20: **Festigkeit und Formänderung.** Von Studienrat Dipl.-Ing. H. Winkel.

Heft 21: **Einrichten von Automaten.** 1. Teil: **Die Systeme Spencer und Brown & Sharpe.** Von Ing. Karl Sachse.

Heft 22: **Die Fräser.** Von Ing. Paul Zieting.

Heft 23: **Einrichten von Automaten.** 2. Teil: **Die Automaten System Gridley (Einspindel) u. Cleveland u. die Offenbacher Automaten.** Von Ph. Kelle, E. Gothe, A. Kreil.

Heft 24: **Stahl- und Temperguß.** Von Prof. Dr. techn. Erdmann Kothny.

Heft 25: **Die Ziehtechnik in der Blechbearbeitung.** Von Dr.-Ing. Walter Sellin.

Heft 26: **Räumen.** Von Ing. Leonhard Knoll.

Heft 27: **Einrichten von Automaten.** 3. Teil: **Die Mehrspindel-Automaten.** Von E. Gothe, Ph. Kelle, A. Kreil.

Heft 28: **Das Löten.** Von Dr. W. Burstyn.

Heft 29: **Kugel- und Rollenlager** (Wälzlager). Von Hans Behr.

Heft 30: **Gesunder Guß.** Von Prof. Dr. techn. Erdmann Kothny.

Heft 31: **Gesenkschmiede.** 1. Teil: **Arbeitsweise und Konstruktion der Gesenke.** Von Ph. Schweißguth.

Heft 32: **Die Brennstoffe.** Von Prof. Dr. techn. Erdmann Kothny.

Heft 33: **Der Vorrichtungsbau.** I: **Einteilung, Einzelheiten u. konstruktive Grundsätze.** Von Fritz Grünhagen.

Heft 34: **Werkstoffprüfung** (Metalle). Von Prof. Dr.-Ing. P. Riebensahm und Dr.-Ing. L. Traeger.

Fortsetzung des Verzeichnisses der bisher erschienenen sowie Aufstellung der in Vorbereitung befindlichen Hefte siehe 3. Umschlagseite.

Jedes Heft 48—64 Seiten stark, mit zahlreichen Textabbildungen.

WERKSTATTBÜCHER

FÜR BETRIEBSBEAMTE, VOR- UND FACHARBEITER
HERAUSGEGEBEN VON DR.-ING. EUGEN SIMON, BERLIN

HEFT 42

Der Vorrichtungsbau

Von

Fritz Grünhagen

III

Wirtschaftliche Herstellung und Ausnutzung der Vorrichtungen

Mit 104 Abbildungen im Text

Springer-Verlag Berlin Heidelberg GmbH

Inhaltsverzeichnis.

Ursprünglich erschienen bei Julius Springer in Berlin 1930.
ISBN 978-3-662-37086-5 ISBN 978-3-662-37794-9 (eBook)
DOI 10.1007/978-3-662-37794-9

Vorwort.

In dem vorliegenden, das Werk abschließenden dritten Teil werden hauptsächlich praktische Winke sowohl für die wirtschaftliche Herstellung der Vorrichtungen, als auch für ihre bestmögliche Ausnutzung im Betriebe gegeben.

Das Gesamtwerk kann natürlich keinen Anspruch auf erschöpfende Behandlung des Stoffes erheben. Das ist bei der außerordentlichen Vielseitigkeit kaum möglich im Rahmen nur eines einzelnen Fabrikationszweiges, geschweige denn bei allgemeiner Behandlung. Möglich ist es daher, daß sich beim Vergleich des Gebotenen mit den verschiedenartigen Gebieten der Metallindustrie, in denen Vielfertigung getrieben wird, da und dort noch einige Lücken zeigen. Diese in einer Neuauflage auszufüllen, dafür werden Anregungen aus sachverständigen Kreisen mit Dank entgegengenommen. An der teilweise neuartigen Einteilung der Vorrichtungen, wie sie im ersten Teil vorgenommen worden ist, muß trotz Anfechtung jedoch festgehalten werden, da die alte, aus früher erschienenen Vorrichtungsbüchern bekannte Art der Einteilung in der Hauptsache unlogisch ist, und daher nicht übernommen werden konnte.

I. Herstellung der Vorrichtungen.

Die planmäßige Vorbereitung der wirtschaftlichen Vielfertigung irgendeines Erzeugnisses erfordert zunächst die Bereitstellung eines Kapitals, dessen Höhe sich nach den Absatzmöglichkeiten und Gewinnaussichten richtet. In den meisten Fällen wird es jedoch, entweder mit voller Berechtigung oder auch aus mangelndem Weitblick, so knapp bemessen, daß die größten Anstrengungen gemacht werden müssen, um durch Sparsamkeit an richtiger Stelle trotzdem das Ziel zu erreichen: eine Verbilligung der Fertigung in dem der Gewinnberechnung zugrundeliegenden Maß. Grundsätzlich muß daher der Vorrichtungsbau selbst in allen Abteilungen wirtschaftlich arbeiten, sowohl beim Aufzeichnen, als auch beim Herstellen der Vorrichtungen. Wohl sind das Selbstverständlichkeiten, denn die Abteilung, deren alleinige Aufgabe es ist, die Fertigung zu verbilligen, müßte selbst in diesem Sinne mit gutem Beispiele vorangehen; es muß jedoch an dieser Stelle gesagt werden, daß z. Z. in zahlreichen Betrieben die Werkzeugmachereien noch nach den ursprünglichsten Verfahren arbeiten und daher für die Herstellung von Vorrichtungen ein Vielfaches von dem aufwenden müssen, was nach dem heutigen Stand der Herstellungstechnik im Vorrichtungsbau erforderlich wäre. Solange der Vorrichtungsbau in solchen Betrieben nicht nach neuzeitlichen Gesichtspunkten eingerichtet und somit auf eine wirtschaftliche Grundlage gestellt wird, werden alle Bemühungen, wettbewerbsfähig und gewinnbringend zu arbeiten, mehr oder weniger erfolglos bleiben.

A. Konstruieren und Aufzeichnen.

Wie aus zahlreichen veröffentlichten Vorrichtungsbeispielen hervorgeht, wird nicht immer besonders zweckmäßig, dafür aber sehr häufig so vielgestaltig konstruiert, daß man ganz deutlich das Bestreben erkennen kann, die Vorrichtungen äußerlich recht gefällig zu gestalten. Dadurch wird bereits eine wesentliche Ursache für die Verteuerung der Vorrichtungen geschaffen. Im vorangegangenen zweiten Teil ist das schon an einigen Beispielen und Gegenbeispielen erläutert worden. Auch Fälle aus der Praxis lehren, daß allein durch Verschulden des Konstruktionsbüros die Vorrichtungen bereits so teuer werden, daß an eine Abschreibung im geplanten Fertigungsprogramm vorläufig nicht zu denken ist. Billig konstruieren im Hinblick auf die Herstellung, muß ein fester Grundsatz des Büros sein. Er ist im wesentlichsten, soweit es überhaupt möglich ist, bereits im zweiten Teil bedandelt worden. Ein weiterer fester Grundsatz muß es sein, die Vorrichtungen billig und trotzdem so sachgemäß aufzuzeichnen, daß sie in der Werkstatt einwandfrei hergestellt werden können. Im nachfolgenden werden dafür einige Anhaltspunkte gegeben.

1. Verwendung genormter Vorrichtungsteile. Seitdem sich der Vorrichtungsbau zu einem Nebenindustriezweig entwickelt hat, ist man da und dort auch bestrebt gewesen, die häufig wiederkehrenden Vorrichtungsteile zu normen, um nicht nur Konstruktions- und Zeichenarbeit zu ersparen, sondern um auch die Vorrichtungen selbst billiger herzustellen. Das ist so gedacht, daß man die genormten Teile in größeren Mengen und daher billiger fertigt, um sie dann in möglichst großem Umfange ab Lager zu verwenden. Soweit die Zweckmäßigkeit der Vorrichtungen nicht darunter leidet, ist das richtig. Zweifellos wird aber über das Ziel hinausgeschossen, wenn gelegentlich angeraten wird, die Normung soweit auszudehnen, daß es möglich sein müßte, bestimmte Arten von Vorrichtungen nur aus genormten Teilen zusammenzubauen, um dadurch die Verbilligung zum äußersten zu treiben. Das läßt sich wohl in keinem Falle durchführen, ohne daß die Zweckmäßigkeit stark gefährdet wird. Da diese aber immer an erster Stelle zu stehen hat, so wird man in der Praxis tatsächlich nur verhältnismäßig wenige Teile für Vorrichtungen normen können und sehr wenige Teile nur in einem solchen Grade, daß man sie auf Lager fertigen kann. Viele Vorrichtungsbüros haben sich nun eigene Werksnormen für Vorrichtungselemente geschaffen, die mehr oder weniger zweckmäßig ausgefallen sind. Das hat naturgemäß dazu geführt, den Konstruktionsgepflogenheiten dieser Büros eine bestimmte aber nicht immer vorbildliche Richtung zu geben. Es ist daher nur zu begrüßen, daß sich der Sonderausschuß für die Normung von Vorrichtungsteilen zur Zeit ernstlich bemüht, die Zweckmäßigkeit der vielen verschiedenartigen Vorrichtungselemente zu prüfen und brauchbare Normen zu schaffen. In der Neuauflage des zweiten Teiles dieses Werkes wird es möglich sein, ein Teilergebnis dieser Arbeiten zu bringen.

2. Bemaßen der Vorrichtungszeichnungen. Beim Eintragen der Maße in die Vorrichtungszeichnungen müssen grundsätzlich zwei Arten von Paßmaßen unterschieden werden: erstens Maße, die sich nur allein auf das An- und Ineinanderpassen der Vorrichtungsteile zu einem Ganzen beziehen. Hierbei sind ohne weiteres die DIN-Passungen anwendbar; denn man kann Normalmaße und daher auch den Normallehrensatz verwenden. Zweitens Maße, die sich nur auf das in der Vorrichtung zu bearbeitende Werkstück beziehen und auf den jeweiligen Grad der Genauigkeit, mit dem dieses herzustellen ist. Da die Vorrichtungen immer etwas ungenauer arbeiten, als sie hergestellt sind, so ist es selbstverständlich, daß ihre Abweichungen nicht so groß sein dürfen wie diejenigen, die für die in Frage kommenden Werkstücke zugelassen sind. In vielen Fällen werden die Vorrichtungen daher so genau mit Bezug auf das zu bearbeitende Werkstück hergestellt werden müssen, daß Abweichungen entweder gar nicht oder nur gerade noch mit den feinsten werkstattmäßigen Meßgeräten ausmeßbar sind. Je genauer die Vorrichtungen nun hergestellt werden, um so höher sind die Herstellungskosten. Um nicht unnütze Kosten für Vorrichtungen aufwenden zu müssen (für gröbere Arbeiten brauchen sie nicht so genau hergestellt zu werden), ist es zweckmäßig, die Genauigkeit in verschiedene Grade einzuteilen, damit die jeweils gewünschte Genauigkeit bequem in der Zeichnung vermerkt werden kann. Der Genauigkeitsgrad kann an den verschiedenen Teilen der Vorrichtungen verschieden sein, weshalb es nicht angeht, daß man der Zeichnung einfach den Vermerk gibt: Genauigkeitsgrad I oder II usw. Man muß vielmehr den jeweiligen Genauigkeitsgrad bei den einzelnen Maßen ersichtlich machen. Das kann sehr einfach durch Dezimalstellen geschehen, wie in Tabelle 1. Es bedeuten darnach Zahlen mit 3 Stellen

Tabelle 1. Herstellungsgenauigkeiten für Vorrichtungen.

Genauigkeitsgrad	Zulässige Abweichungen mm	Beispiele für das Eintragen der Maße	Praktische Grenzmaße
Ia	$\pm\frac{5}{10000}$	75.000 100,100	Nicht ausmeßbar
I	$\pm\frac{5}{1000}$	75,00 100,05	74,995 bis 75,005 100,045 „ 100,055
II	$\pm\frac{5}{100}$	75,0 100,5	74,95 bis 75,05 100,45 „ 100,55
III	$\pm\frac{5}{10}$	75 $100\,^1/_2$	74,5 bis 75,5 100 „ 101

nach dem Komma, z. B. 75,000 oder 100,100, daß die Nennmaße 75 bzw. 100,1 mit Genauigkeitsgrad I a herzustellen sind. Da der nur Abweichungen von $\pm \frac{5}{10\,000}$ mm zuläßt, sind diese werkstattmäßig nicht mehr ausmeßbar. In vielen Fällen kann man den Genauigkeitsgrad durch Maßzahlen jedoch nicht ausdrücken, wenn z. B. nur genaue Lochmitten, Lochteilungen oder Parallelitäten einzuhalten sind. Man kann dann in die betreffenden Stellen der Zeichnung ein Sinnbild für die Art der auszuführenden Arbeit mit dem entsprechenden Genauigkeitsgrad eintragen. Unterläßt man solche Genauigkeitsvermerke beim Bemaßen der Zeichnungen, so werden die Vorrichtungen entweder durch übergenaue Arbeit verteuert, oder wegen nicht genügender Genauigkeit beanstandet werden.

3. Festlegung der Richtlinien für die Herstellung der Vorrichtungen bei der Konstruktion. Beim Konstruieren und Aufzeichnen der Vorrichtungen ist es selbstverständlich, daß man auch die Ausführungsmöglichkeit mit den vorhandenen Mitteln berücksichtigen muß. Oftmals werden diese nicht ausreichen und besondere Verfahren und Hilfsmittel werden ausgedacht werden müssen, um entweder die Ausführung überhaupt zu ermöglichen oder den erforderlichen Genauigkeitsgrad zu erreichen. Es genügt nun nicht, daß der Konstrukteur nur überlegt und feststellt, ob und wie die Vorrichtung herzustellen ist, sondern er muß seine Gedankengänge auch der Werkstatt schriftlich, gegebenenfalls mit den entsprechenden Skizzen, übermitteln. Man entlastet damit die Werkstatt, verhütet, daß mit der Arbeit am falschen Ende begonnen wird und noch ein zweites oder drittes Mal angefangen werden muß, und fördert damit die Herstellung. Endlich sichert sich damit der Konstrukteur auch selbst dagegen, daß er den Herstellungsgang vergißt und plötzlich die peinliche Frage der Werkstatt, wie die Vorrichtung hergestellt werden soll, nicht sofort beantworten kann.

4. Festlegung der Wirkungsweise der Vorrichtungen. Die Wirkungsweise der Vorrichtungen ist nicht in jedem Falle ohne weiteres ersichtlich. Besonders mit Kippbohrspannvorrichtungen werden häufig recht umfangreiche Arbeiten der verschiedensten Art ausgeführt, wobei eine bestimmte Reihenfolge der Arbeitsgänge einzuhalten ist. Diese Reihenfolge muß daher durch ein Arbeitsschema festgelegt werden, das die Vorrichtung mit auf den Weg bekommt. Hauptsächlich muß es beim Ausprobieren zur Stelle sein. Aus dem Arbeitsschema muß klar hervorgehen: 1. die Reihenfolge der Arbeitsgänge, 2. die jeweils dazu erforderlichen Werkzeuge und 3. die jeweilige Stellung der Vorrichtung. Die Vorrichtung selbst muß dem Zweck entsprechend gekennzeichnet werden. Man bezeichnet die einzelnen Seiten der Vorrichtung am besten mit auffälligen Buchstaben und die einzelnen Werkzeugführungen mit fortlaufenden Zahlen. In Tabelle 2 ist ein Beispiel für ein derartiges Arbeitsschema wiedergegeben.

Tabelle 2. Beispiel eines Arbeitsschema für eine Vorrichtung.

Arbeitsschema für Bohrspannvorrichtung K. B. 95.

Seite der Vorr.	Skizze	Loch-Nr.	Art und lichte Weite der Bohrbuchsen	Art des Werkzeuges	Nr.
A	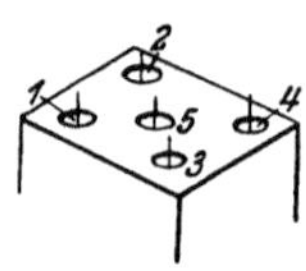	1÷4	Wechselbuchse 13,6	Spiralbohrer 13,5	normal
			Ohne Buchse	Gewindebohrer $^5/_8$″	normal
		5	Wechselbuchse 34,1	Senker 34	normal
			Wechselbuchse 34,85	Senker 34,8	normal
B	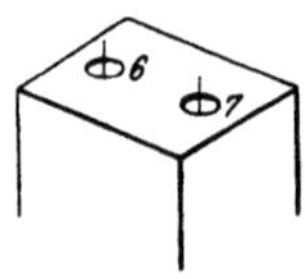	6	Wechselbuchse 18,1	Spiralbohrer 18	normal
			Wechselbuchse 22	Stufenreibahle	W. 32
				Stufenreibahle	W. 33
		7	Wechselbuchse 24,1	Spiralbohrer 24	normal
			Wechselbuchse 26,85	Senker 26,8	W. 34
			Ohne Buchse	Abflächwerkzeug	W. 35
			Wechselbuchse 28	Sonderreibahle	W. 36
C	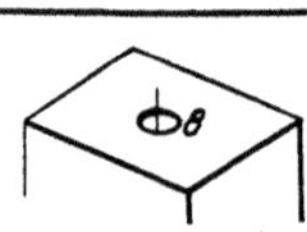	8	Wechselbuchse 37,1	Senker 37	normal
			Wechselbuchse 37,85	Senker 37,8	normal
			Ohne Buchse	Sonderreibahle	W. 37
D	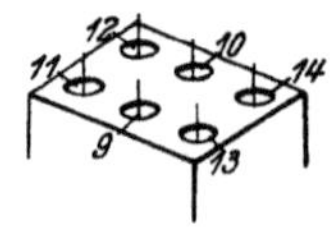	9÷10	Wechselbuchse 19,1	Spiralbohrer 19	normal
			Wechselbuchse 19,85	Senker 19,8	normal
			Ohne Buchse	Abflächwerkzeug	W. 38
		11÷14	Festbuchsen 18,1	Spiralbohrer 18	normal

B. Ausführung der Vorrichtungen.

5. Verschiedene Herstellungsweisen. In vielen Werkstätten des Vorrichtungsbaues ist es heute noch üblich, daß alle zu einer Vorrichtung erforderlichen Teile vom Werkzeugmacher selbst hergestellt werden. Dieser dreht, fräst, schleift, bohrt usw. alle Teile nach der ihm übergebenen Zeichnung, baut sodann die Vorrichtung zusammen und ist allein dafür verantwortlich. Dieses der neuzeitlichen Betriebswissenschaft widersprechende Verfahren hat gewisse Vorzüge: es geht zwar langsam, aber reibungslos und stetig mit den Vorrichtungen vorwärts, und eine Revision der Einzelteile ist nicht erforderlich, sondern nur eine Endabnahme.

Nach neuzeitlichem Verfahren wird eine Vorrichtung gleichzeitig an mehreren Stellen in Angriff genommen, indem die Einzelteile entsprechend der Bearbeitungsart auf die Maschinen verteilt werden. Der Vorteil dieses Verfahrens besteht darin, daß die Vorrichtungen sehr schnell fertiggestellt und die Maschinen besser ausgenutzt werden können. Ferner können sich auch die Arbeiter besser auf bestimmte Maschinen einarbeiten. Unbedingt erforderlich ist jedoch eine gute Werkstattorganisation, hauptsächlich Terminverfolgung und Revisionen der Einzelteile nach jeder Arbeitsstufe. Andernfalls tritt das Gegenteil ein: die Herstellung der Vorrichtungen verzögert sich in hohem Grade durch schlechtes In- und Aneinanderpassen der Teile und durch zu spätes Fertigwerden einzelner Teile, die irgendwo liegengeblieben sind. Die Schwierigkeiten mehren sich noch ganz erheblich, wenn auf Stücklohn gearbeitet wird. Die Unzweckmäßigkeit dieser Entlohnungsart ist bereits im 1. Teil erwähnt worden. Dieser von einigen maßgeblichen Stellen angefochtene Standpunkt muß daher kurz begründet werden: Akkordarbeit kann nur dann die bekannten Vorteile bringen, wenn es möglich ist, vorher die Stücklöhne so genau zu bestimmen, daß keine Nachforderungen bewilligt werden müssen. Das ist im Vorrichtungsbau wohl möglich für die mechanische Bearbeitung von Einzelteilen, für das Zusammenbauen im allgemeinen jedoch nicht so, daß jeder an und für sich fleißige Werkzeugmacher damit zurecht kommen kann. Während der eine mit Überlegung arbeitet und auch bei erstmalig ausgeführter Arbeit keinen Handgriff umsonst macht, muß der andere bei der gleichen Arbeit lernen und Sondererfahrungen sammeln, die er erst bei einer Wiederholung verwerten könnte. Diese Arbeiter benötigen, wie die Erfahrung lehrt, ein vielfaches der Zeit, die Arbeiter erster Gattung aufwenden. Der Kalkulator kann aber unmöglich Rücksichten auf den einzelnen nehmen. Er muß entweder die Preise durchweg so hoch ansetzen, daß jeder damit auskommt oder er muß Nachforderungen bewilligen. Aber auch bei der mechanischen Bearbeitung der Einzelteile, für die infolge der Arbeitsunterteilung eine richtige Stückpreisbestimmung eher möglich ist, kann der Stücklohn keine Vorteile bringen, da er zu leicht zu Beanstandungen und daher zu Verzögerungen beim Zusammenbau der Vorrichtungen führt. Zu alledem kommt noch hinzu, daß die Kalkulation als unnützer Unkostenapparat mitgeschleppt werden muß. Der Wirkungsgrad einer Werkstatt, in der bisher Akkord gearbeitet wurde, wird sich zweifellos wesentlich verbessern, wenn an Stelle der Stücklöhne nach Leistung abgestufte Zeitlöhne gezahlt werden.

6. Bearbeitung der Einzelteile. Fest eingewurzelt ist in vielen Werkstätten des Vorrichtungsbaues noch das Verfahren, Fräs-, Hobel- und Stoßarbeiten mit einer Zugabe für das Einpassen herzustellen, entweder weil keine vollständigen Lehrensätze vorhanden sind, oder die Maschinenarbeiter nicht richtig geschult sind, oder aber Maschinen, Werkzeuge und Spannmittel sich in einem solchen Zustande befinden, daß genaue Lehrenarbeit mit ihnen gar nicht ausgeführt werden kann. Dieses Verfahren verteuert die Schlosserarbeiten um ein Vielfaches, außerdem führt es zu fortgesetzten Reibereien zwischen Maschinenarbeitern und Werkzeugmachern. Vorbedingung für billige Herstellung der Vorrichtungen ist es, daß alle Teile, für die DIN-Passungen vorgeschrieben sind, auch tatsächlich maßhaltig nach Toleranzlehren hergestellt werden. Die zuerst auftretenden Schwierigkeiten bei Einführung des Verfahrens können sehr bald nach sorgfältiger Auswahl von Maschinen und Arbeitern beseitigt werden.

7. Herstellung der Bohrlehren. Die Herstellung der Bohrlehren erforderte früher ein hohes Maß von handwerklicher Geschicklichkeit und es machte viele Mühe, die gewünschte Genauigkeit der Lochabstände zu erzielen. Gut geleitete Werkstätten waren daher bemüht, die kostspieligen Werkzeugmacherarbeiten durch allerlei selbstgebaute Hilfsmittel zu vereinfachen und zu verbilligen. Heute sind bereits Maschinen in Anwendung, die genauer arbeiten, als es den geschicktesten Werkzeugmachern möglich ist und die ganz erhebliche Lohnersparnisse auch noch gegenüber den verbesserten Herstellungsverfahren bringen. Bohrlehren, für deren Herstellung nach dem ursprünglichen Verfahren viele Tage benötigt werden, können heute maschinell in wenigen Stunden hergestellt werden. Da die Maschinen infolge ihrer hohen Präzisionsarbeit naturgemäß sehr teuer sind und in kleineren und mittleren Betrieben nicht voll ausgenützt werden können, anderseits aber auch mit Hilfseinrichtungen bereits ganz gute Ergebnisse erzielt werden, so führen sich die Maschinen nur langsam ein. In vielen Werkstätten werden heute auch noch auf die ursprünglichste Art Bohrlehren hergestellt. Es kann daher nur vorteilhaft sein, wenn hier von diesen Herstellungsverfahren ausgehend, die Lehrenfertigung bis zum neuzeitlichen Verfahren beschrieben wird.

a) Herstellung auf gewöhnlichen Bohrmaschinen. Die Bohrbuchsenlöcher werden im fertigbearbeiteten Vorrichtungskörper nach dem Vorriß auf gewöhnlichen Bohrmaschinen so genau wie möglich vorgebohrt, und zwar je nach Größe der Löcher auf etwa 0,5 bis 1 mm Untermaß. Sodann werden die Lochabstände nachgeprüft und die vorhandenen Fehler durch Nachfeilen der Löcher unter fortwährendem Nachmessen richtiggestellt. Richtung und Rundung der Löcher, die durch das Nachfeilen gelitten haben, werden jetzt durch Aufreiben auf einer Bohrmaschine verbessert, deren Bohrspindel genau senkrecht zum Aufspanntisch steht. Gleichzeitig verändern sich aber wieder die Lochabstände und es wiederholt sich das Nachfeilen unter stetigem Nachmessen und das Nachreiben solange, bis die letzten Ungenauigkeiten, soweit es erforderlich ist, beseitigt sind. Dieses Verfahren ist das umständlichste und teuerste, außerdem ermöglicht es meistens nicht, einheitliche Lochdurchmesser für die Aufnahme der Bohrbuchsen einzuhalten.

b) Herstellung auf gewöhnlichen Bohrwerken. Auf gewöhnlichen Waagerechtbohrwerken lassen sich die Lehrenkörper bereits schneller herstellen. Die Löcher werden ebenfalls zuerst nach dem Vorriß vorgebohrt und allmählich unter ständigem Nachmessen und Nachstellen der Maschine auf richtigen Durchmesser und auf richtige Abstände gebracht. Sind Spindel- und Schlittenführungen der Maschine noch in besonders gutem Zustande, so kann man durch Hilfe von Endmaßen das Einstellen der Maschine von Loch zu Loch wesentlich erleichtern und beschleunigen. Verwendet man ferner noch ein Meßgerät, etwa wie das in Abb. 1, so lassen sich die Entfernungen sehr feinfühlig mit größter Genauigkeit einstellen. In Abb. 2 ist dargestellt, wie die Entfernung von dem bereits fertiggebohrten Loch *a* zu dem nächsten Loch *b* eingestellt wird. Nach dem Bohren des Loches *a* wird das erwähnte Meßgerät auf dem Ende der Bohrstange befestigt und seine Meßuhr durch Unterschieben einer Anzahl Endmaße zum Ausschlag gebracht. Zum Einstellen der Maschine auf das nächste Loch *b* wird der Endmaßunterbau um das entsprechende Maß verkürzt und der Spindelschlitten so weit gesenkt, bis die Uhr den gleichen Ausschlag zeigt. Ähnlich kann auch beim Einstellen der Lochentfernungen in waagerechter Richtung verfahren werden; es ist dazu nur noch ein Anschlag für die Endmaße an dem Aufspannwinkel anzubringen.

c) Herstellung durch Knopfverfahren auf Drehbänken. Bohrlehren kleineren Umfanges kann man genau und ziemlich schnell durch das Knopfverfahren auf der Drehbank herstellen. Die Bohrbuchsenlöcher werden zunächst wieder nach dem Vorriß gebohrt, aber kleiner als das Fertigmaß und mit Gewinde versehen. Diese Gewindelöcher werden nun dazu benutzt, um gehärtete und auf einheitliches Maß geschliffene Meßbuchsen auf dem Lehrenkörper so zu befestigen, daß man sie durch Endmaße genau auf die gewünschten Lochabstände einstellen kann (Abb. 3). Die Schrauben müssen zu dem Zweck in den Buchsen natürlich Spiel haben. Fertig gebohrt werden die Löcher nun

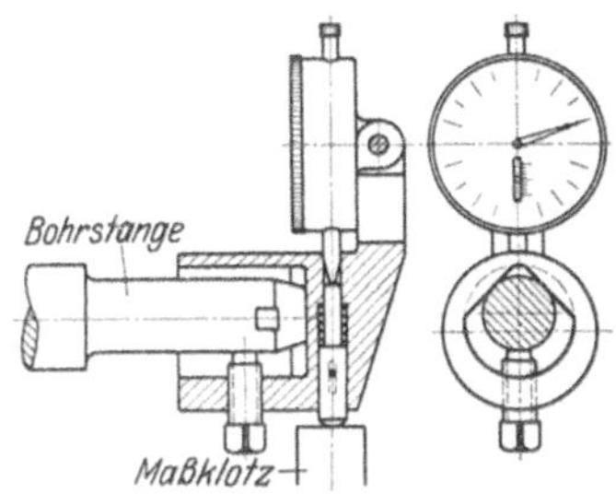

Abb. 1. Meßapparat zum genauen Einstellen der Bohrspindel auf Lochabstände.

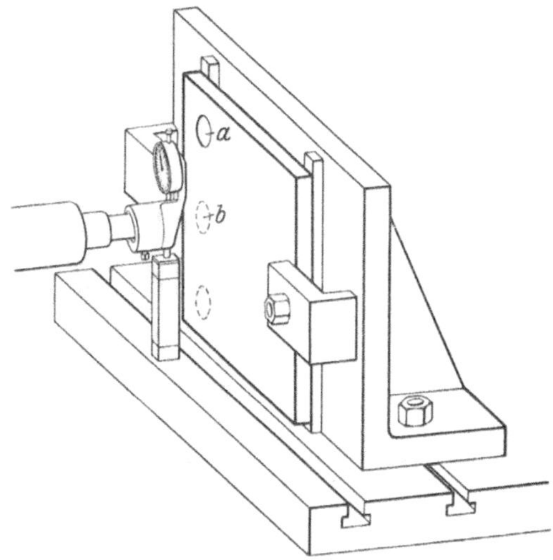

Abb. 2. Einstellen der Lochabstände beim Bohren der Lehrenkörper auf einem Waagerechtbohrwerk mit Hilfe von Parallelendmaßen und dem Apparat nach Abb. 1.

auf folgende Weise: man spannt den Bohrkörper gegen die Planscheibe und richtet mit der Meßuhr eine Buchse aus, bis sie schlagfrei läuft (Abb. 4). Sodann wird die Buchse abgeschraubt und das Loch auf den gewünschten Durchmesser aufgebohrt. Auf dieselbe Weise werden nacheinander alle Löcher fertig gestellt.

d) Herstellung durch Knopfverfahren auf gewöhnlicher Bohrmaschine. Dieses Verfahren erfordert bereits eine einfache Vorrichtung und einige Sonderwerkzeuge. Demgegenüber sind die erzielten Vorteile jedoch ganz erheblich. Der Bohrlehrenkörper wird zunächst wie

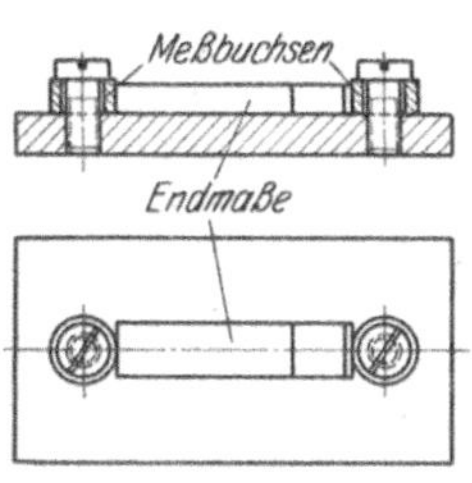

Abb. 3. Bohrlehrenkörper mit aufgeschraubten und nach Endmaßen eingestellten Meßscheiben für die Herstellung nach dem Knopfverfahren.

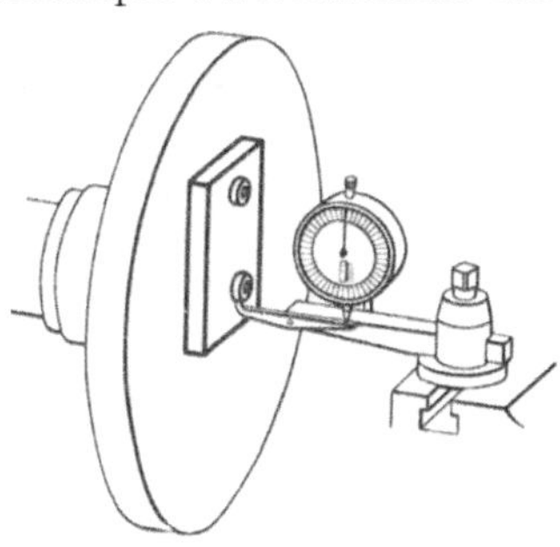

Abb. 4. Ausrichten eines Lehrenkörpers auf der Drehbank bei Herstellung nach dem Knopfverfahren.

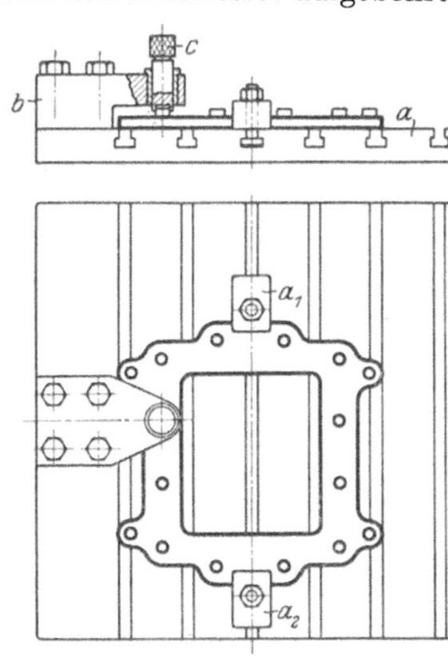

Abb. 5. Ausrichten eines Lehrenkörpers auf einer Vorrichtung zum Bohren auf der Bohrmaschine nach dem Knopfverfahren.

im vorigen Verfahren vorbereitet, also mit Meßbuchsen versehen, die mit Endmaßen ausgerichtet werden. Der Vorteil gegenüber dem vorigen Verfahren besteht darin, daß der Lehrenkörper erheblich schneller ausgerichtet und ferner durch Gebrauch von geführten Sonderwerkzeugen auch schneller ausgebohrt werden kann. Die erforderliche Vorrichtung besteht aus der Aufspannplatte *a* (Abb. 5), dem Bohrbuchsenträger *b* und dem Ausrichtdorn *c*. Der Vorrichtungskörper wird zunächst lose unter den Bohrbuchsenträger gelegt und durch den Ausrichtdorn, der in der Bohrbuchse genaue Führung hat und mit seiner Eindrehung am unteren Ende genau auf die Meßbuchse paßt, in der richtigen Lage festgelegt und zum Schluß durch Spanneisen a_1 und a_2 festgespannt. Nach Entfernung der Meßbuchse wird nach dem in Abb. 6—8 dargestellten Verfahren zunächst mit dem Spiralbohrer vorgebohrt unter Benutzung einer Griffwechselbuchse, sodann mit dem Senker nachgebohrt und zum Schluß mit einer Reibahle fertiggerieben. Sowohl Senker wie Reibahle haben je einen besonderen Führungsschaft, der spielfrei in der Führungsbuchse eingepaßt ist. Die so erzielte Genauigkeit genügt in den meisten Fällen, wenn nicht gerade allerhöchste Anforderungen an die Bohrlehre gestellt werden.

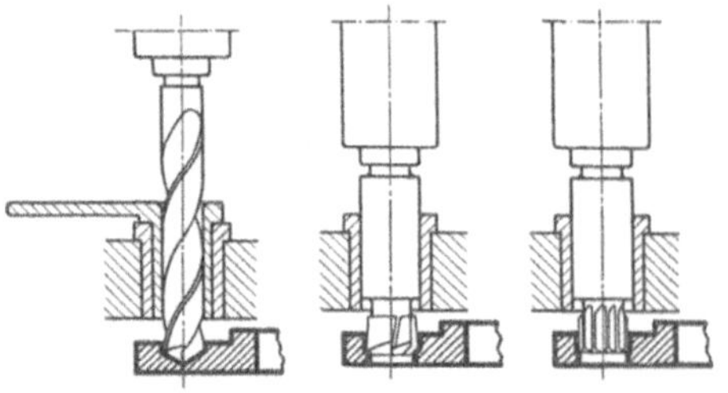

Abb. 6—8. Bohren, Senken und Reiben eines Lehrenkörperloches nach dem Verfahren Abb. 5.

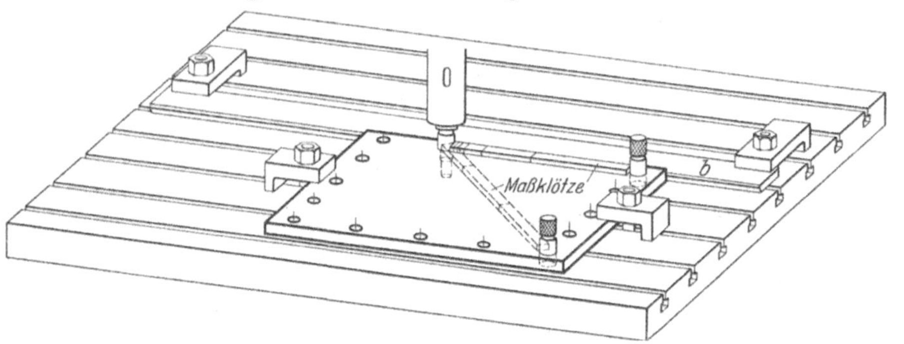

Abb. 9. Unmittelbares Einstellen der Lochabstände durch Endmaße beim Bohren eines Lehrenkörpers mittels Bohrmaschine und Vorrichtung.

e) **Herstellung durch unmittelbare Endmaßeinstellung auf Bohrmaschinen.** Dieses in Abb. 9—12 dargestellte Verfahren genügt bereits sehr hohen Anforderungen bezüglich der Genauigkeit. Es gehört dazu eine Aufspannplatte mit Werkzeugführung und für jeden Lochdurchmesser je ein Satz Sonderbohrwerkzeuge und Meßdorne (Abb. 10—12). Da für die verschiedenen Werkzeugsätze auch verschieden große Bohrbuchsen erforderlich sind, so ist für deren schnelles Auswechseln gesorgt worden, ohne daß die schwere Aufspannplatte umgedreht werden muß. Zu dem Zweck ist der Sitz kegelig ausgeführt und ein sechseckiger Rand vorgesehen, um die Buchse mit Hilfe eines Sechskantschlüssels von oben lösen zu können. Die Bohrmaschine muß einen festen Tisch und eine schlagfrei laufende und gut gelagerte Bohrspindel haben. Der Lehrenkörper

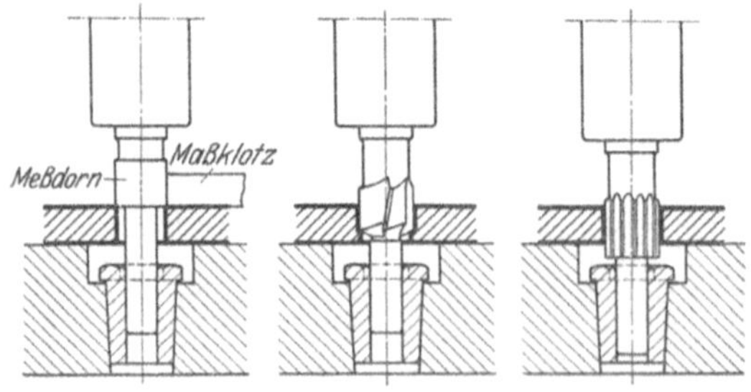

Abb. 10—12. Einstellen, Senken und Reiben eines vorgebohrten Loches im Lehrenkörper nach dem Verfahren Abb. 9.

wird zunächst auf einer anderen Maschine nach dem Vorriß mit einem Untermaß von etwa 2 bis 3 mm vorgebohrt und sodann nach dem dargestellten Verfahren fertiggebohrt. Dazu wird zunächst das Anschlaglineal *b* (Abb. 9) nach einem in die Bohrspindel eingeführten Meßdorn auf den richtigen Abstand der Lochreihe von der Lehrenkörperkante eingestellt. Sodann wird der Lehrenkörper mit Anschlag an dem Lineal so aufgespannt, daß zuerst ein Eckloch gebohrt werden kann. Vor dem Bohren jedes weiteren Loches muß zunächst der genaue Lochabstand durch Endmaße eingestellt werden. Zu dem Zweck werden in das zuerst gebohrte Loch und in die Bohrspindel je ein Meßdorn eingeführt. Zur Erzielung einer geraden Lochreihe dient das aufgespannte Lineal, an dem der Lehrenkörper geradlinig verschoben wird. Bei unregelmäßig angeordneten Löchern fällt das Lineal natürlich fort. Selbstverständlich ist es, daß bei allen Messungen immer von dem zuerst gebohrten Loch ausgegangen werden muß und daß dabei auch alle fertigen Ecklöcher berücksichtigt werden. Gegenüber dem vorigen Verfahren hat dieses den geringen Nachteil, daß die Löcher nicht schnell hintereinander gebohrt werden können und somit die Maschine längere Zeit besetzt wird.

f) Herstellung mit besonderen Kreuzsupporten auf Fräs- und Bohrmaschinen. Durch Verbindung mit geeigneten Kreuzsupporten kann man Ständerbohrmaschinen oder auch Senkrechtfräsmaschinen mit kräftiger und einwandfrei gelagerter Spindel in Lehrenbohrmaschinen umwandeln, mit denen man Lehrenkörper ohne jede Vorbereitung sehr genau herstellen kann. Besonders für den Zweck hergestellte Kreuzsupporte können in verschiedenerlei Konstruktionen handelsüblich bezogen werden. Abb. 13 zeigt einen unter dem Namen Kellocater in den Handel gebrachten gut empfohlenen Apparat, mit dem eine Genauigkeit innerhalb einer Toleranz von 0,005 mm erreicht werden soll. Die Lochentfernungen werden bei diesem Apparat nicht wie es sonst üblich ist mit Endmaßen, sondern nach Vernier(Nonius)skalen eingestellt. Ein besonderer Vorteil ist die selbsttätige Verstellbarkeit und Einstellung auf die vorher festgelegten Punkte.

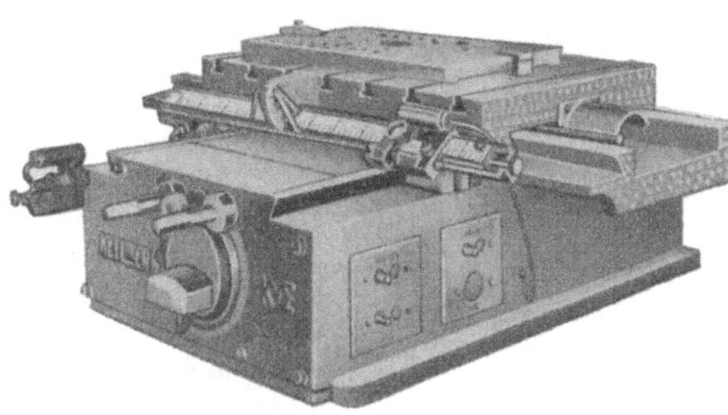

Abb. 13. Kreuzsupport zum Bohren von Lehrenkörpern auf Bohrmaschinen (Georg Stenzel, Berlin).

g) Herstellung auf Lehrenbohrmaschinen. Am genauesten und schnellsten lassen sich Bohrlehrenkörper auf besonderen Lehrenbohrmaschinen herstellen, die z. Z. bereits von mehreren Firmen auf den Markt gebracht werden und mit angemessener Genauigkeit hergestellt sind. Eine in allen Teilen für ihren Zweck mit höchster Sorgfalt durchgebildete und mit größtmöglichster Genauigkeit ausgeführte derartige Maschine zeigt Abb. 14. Die Lochabstände werden hierbei ohne Endmaße, nur mit den Gewindespindeln und Teilscheiben eingestellt. Die geringen Steigungsfehler der aufs genaueste geschnittenen Spindeln sind noch durch Korrekturkurven aufgehoben, so daß man bis auf wenige Tausendstel Millimeter genau einstellen kann. Wenn nach langem Gebrauch die Spindeln sich etwas abgenutzt haben sollten, ist es nur nötig, neue Korrekturkurven anzubringen.

8. Herstellung von Ring- und Zentrierlehren. Ring- und Zentrierbohrlehren mit kreisförmig angeordneten Löchern, können natürlich nach den bisher genannten

Abb. 14. Lehrenbohrmaschine (Franz Kitzerow, Berlin).

Abb. 15. Rundtisch für Herstellung von Ringlehren.

Verfahren hergestellt werden. Die Lehrenbohrmaschinen werden dafür mit besonderen Rundtischen ausgerüstet (Abb. 15). Steht eine solche Maschine jedoch nicht zur Verfügung und kommen die Lehren in größeren Mengen vor, so ist eine Sondereinrichtung wohl angebracht. Abb. 16 zeigt eine für diesen besonderen Zweck entworfene Vorrichtung mit Teileinrichtung. Der Bohrbuchsenträger ist so angeordnet, daß man jede der drei verschieden großen Bohrbuchsen mit Hilfe von Endmaßen, die zwischen den genau geschliffenen Bohrbuchsenrand und den Mittelzapfen der Vorrichtung gelegt werden, auf jeden gewünschten Halbmesser innerhalb des Wirkungsbereiches der Vorrichtung einstellen kann. Genau zentriert werden die Lehrenkörper auf der Vorrichtung dadurch, daß mit einer, auf einem schwenkbaren Arm befestigter Meßuhr die Bohrung des Lehrenkörpers abgeschlagen wird. Zentrierbohrlehren mit unregelmäßig verteilten oder nach rechtwinkligem Koordinatensystem bemaßten Löchern können auf der Vorrichtung selbstverständlich nicht gebohrt werden, sondern sie müssen nach dem Knopfverfahren wie die Formbohrlehren hergestellt werden.

Ein anderes Verfahren ist in Abb. 17 u. 18 dargestellt. Es entspricht dem für einfache Formbohrlehren (Abb. 9—12) mit dem Unterschied, daß der Lehrenkörper um einen Mittelzapfen gedreht wird. Dieser Zapfen ist in der Aufspannplatte verstellbar und wird durch Maßklötze von der Werkzeugführung ausgehend auf genauen Lochkreishalbmesser eingestellt. Sowohl Meßdorn wie Mittelzapfen sind selbstverständlich gehärtet und auf einheitliches Maß geschliffen. Nach dem Einstellen des Mittelzapfens (Abb. 17) wird der nach Vorriß vorgebohrte Lehrenkörper auf dem Mittelzapfen zentrisch vermittels eines Sternes ausgerichtet bis er schlagfrei läuft und so festgespannt, daß zunächst ein Loch gebohrt werden kann. Zum Bohren der weiteren Löcher wird in das bereits fertiggestellte Loch ein Meßdorn gesteckt und die gerade Entfernung zum nächsten Loch, die

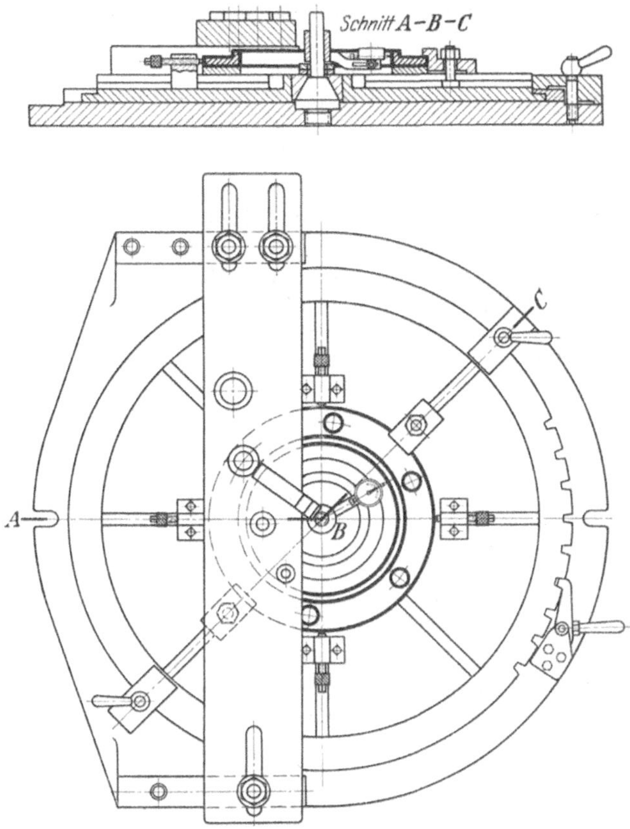

Abb. 16. Bohrspannvorrichtung mit Teileinrichtung zum Bohren von Zentrierbohrlehrenkörpern.

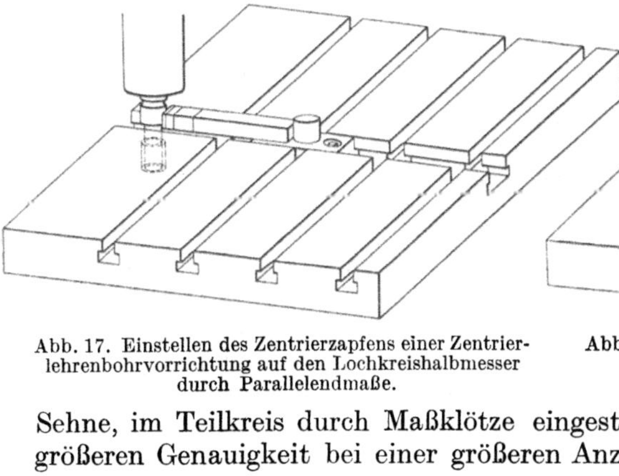

Abb. 17. Einstellen des Zentrierzapfens einer Zentrierlehrenbohrvorrichtung auf den Lochkreishalbmesser durch Parallelendmaße.

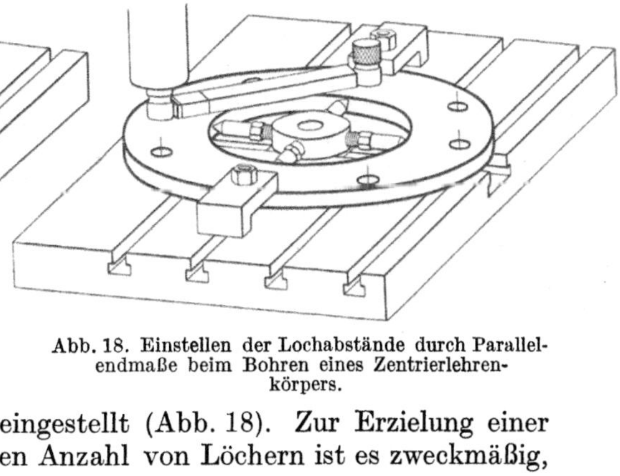

Abb. 18. Einstellen der Lochabstände durch Parallelendmaße beim Bohren eines Zentrierlehrenkörpers.

Sehne, im Teilkreis durch Maßklötze eingestellt (Abb. 18). Zur Erzielung einer größeren Genauigkeit bei einer größeren Anzahl von Löchern ist es zweckmäßig, zunächst einige Löcher zu überspringen, sonst kann es vorkommen, daß sich die Fehler der einzelnen Lochteilungen zu einem unzulässigen Wert addieren.

9. Herstellung von Bohrlehren nach einer Urlehre. Bisweilen ist es notwendig, in genauer Übereinstimmung mit einer bereits vorhandenen Bohrlehre weitere Lehren herzustellen, entweder um sie im eigenen Betriebe zur Steigerung der Fertigung zu verwenden, oder um in getrennten Betrieben die gleiche Art Werkstücke bohren zu können. Letzteres ist oft der Fall bei Verteilung größerer staatlicher Aufträge auf mehrere Fabriken. Diese Bohrlehren stellt man billig und in genauer Übereinstimmung dadurch her, daß man sie nach der bereits vorhandenen Lehre abbohrt, die dann mit Urlehre bezeichnet wird. Das Verfahren selbst ist folgendes: zunächst wird der neue Lehrenkörper nach der Urlehre wie ein gewöhnliches Werkstück mit einem Spiralbohrer vorgebohrt und sodann ohne Urlehre auf ein Untermaß von etwa 1 bis 1,5 mm aufgebohrt. Das weitere Verfahren ist in Abb. 19

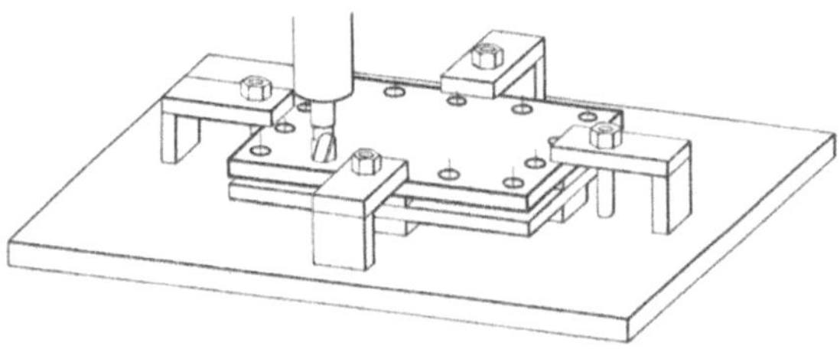

Abb. 19. Abbohren eines Bohrlehrenkörpers nach einer Urlehre.

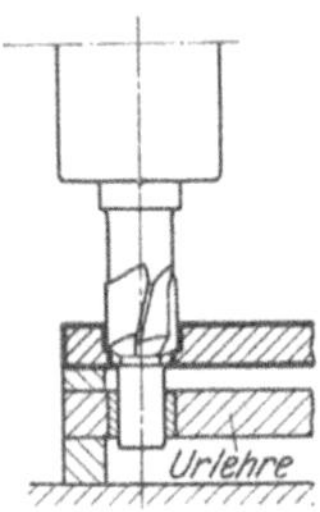

Abb. 20. Aufbohren eines vorgebohrten Lehrenkörperloches durch einen in der Urlehre geführten Zapfensenker.

und 20 dargestellt. Auf einer auf dem Bohrmaschinentisch beweglichen Platte werden Urlehre und Lehrenkörper mit entsprechenden Zwischenräumen für den Werkzeugauslauf genau übereinander aufgespannt, so daß sich die Lochmitten der Urlehre mit denen der vorgebohrten Löcher des Lehrenkörpers decken. Die Urlehre kommt dabei nach unten. Mit einem Zapfensenker (Abb. 20) und einer gewöhnlichen Maschinenreibahle werden dann die Löcher im neuen Lehrenkörper fertiggebohrt bzw. gerieben. Bei sehr hohen Genauigkeitsanforderungen muß auch eine Zapfenreibahle an Stelle der gewöhnlichen Maschinenreibahle verwendet werden. Die Bohrmaschinenspindel muß selbstverständlich genau senkrecht zum Tisch stehen.

Abb. 22.

Abb. 21.

Abb. 21 u. 22. Lichtbogengeschweißte Vorrichtungskörper.

10. Herstellung von Vorrichtungskörpern. Vorrichtungskörper, die so vielgestaltig sind, daß man sie weder schmieden noch aus dem Vollen ausarbeiten kann, stellte man früher vorzugsweise aus Gußeisen oder Stahlguß her, oder man schraubte oder nietete sie aus einzelnen Teilen zusammen. . Die moderne Schweißtechnik, besonders das elektrische Lichtbogenschweißverfahren gestattet es heute, alle, auch die vielgestaltigsten und umfangreichsten Vorrichtungskörper aus einzelnen Teilen so zusammenzuschweißen, daß sie genügend fest und starr sind. Abb. 21 und 22 sind nach diesem Verfahren hergestellte Körper mit den Hauptmassen 575 × 375 × 315 bzw. 985 × 1285 × 525. Da gegenüber den früheren Verfahren keine Gießmodelle herzustellen sind, so ist es ohne weiteres klar und selbstverständlich, daß sich die Körper auf diese Art viel schneller und oft auch billiger herstellen lassen. Entschieden und erheblich billiger werden sich geschweißte Vorrichtungskörper aber gegenüber denen stellen, die man sonst des gewünschten leichten Gewichtes wegen aus teurem Stahlguß herstellen müßte. Trotzdem kann das Schweißverfahren nicht für alle Fälle empfohlen werden, denn für Vorrichtungen, die höchsten Genauigkeitsanforderungen genügen müssen, wird man, wenn sie ortsfest sind und das Gewicht daher keine Rolle spielt, den Hauptkörper der größeren Starrheit wegen aus Gußeisen herstellen.

Durch die örtliche Erwärmung beim Zusammenschweißen der Einzelteile, die beim elektrischen Lichtbogenschweißen allerdings nicht so groß ist wie beim Autogenschweißen, treten im fertiggeschweißten Körper Spannungen auf, die diesen bei der späteren Bearbeitung fortwährend in der Form unerwünscht verändern würden. Es ist daher unerläßlich, die Spannungen vor der Bearbeitung durch sachgemäßes Glühen zu beseitigen. Es ist daher auch falsch, die einzelnen Teile vor dem Zusammenschweißen fertig zu bearbeiten, sondern man bereitet sie nur soweit vor, wie es für das Zusammenschweißen erforderlich ist. Sie werden am besten mit dem Schneidbrenner aus rohen Platten ausgeschnitten und erforderlichenfalls auf die gleiche Art auch mit Durchbrüchen versehen. Auf Schneidmaschinen können dabei die Baumaße genauestens eingehalten werden. Die Schnittkanten werden auch so gerade, daß es nicht erforderlich ist, sie nachzuhobeln. Abb. 23 zeigt die für einen Vorrichtungskörper fertig ausgeschnittenen Einzelteile. Nach dem Glühen des fertig geschweißten Körpers ist es zweckmäßig, diesen durch Sandstrahlen von dem Glühspan zu befreien.

Abb. 23. Mit Schneidbrenner ausgeschnittene Einzelteile eines zusammenzuschweißenden Vorrichtungskörpers.

Beim Schweißen selbst geht man so vor, daß man die einzelnen Nähte zunächst nur heftet, also nur an einzelnen Punkten Schweißverbindungen herstellt und die Nähte erst dann vervollständigt, wenn nachgeprüft worden ist, daß alle Teile richtig sitzen. Abb. 24 zeigt einen einfachen Z-förmigen, fertig geschweißten Vorrichtungskörper, an dem die einzelnen Schweißnähte zu erkennen sind.

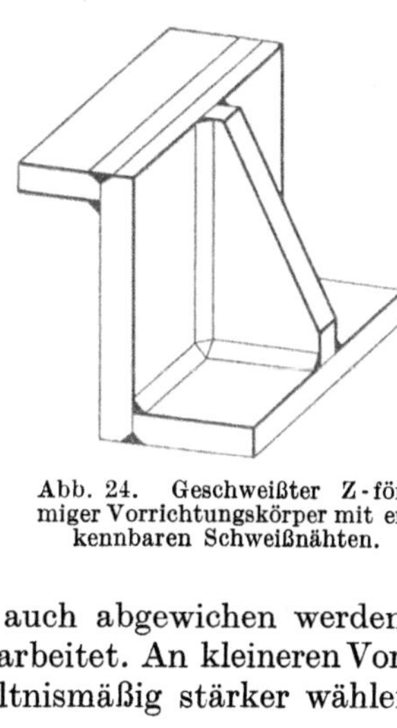

Abb. 24. Geschweißter Z-förmiger Vorrichtungskörper mit erkennbaren Schweißnähten.

In besonderen Fällen kann von obigem Verfahren auch abgewichen werden, nachdem man zuerst den Körper schweißt und dann bearbeitet. An kleineren Vorrichtungskörpern kann man die Wandstärken unverhältnismäßig stärker wählen als an größeren, wodurch die Gefahr des Verziehens durch Spannungen vermindert wird. Lassen sich solche Körper wegen einer schwierigen Form, z. B. wenn sie kastenförmig sind, an allen erforderlichen Stellen erheblich schlechter bearbeiten als die Einzelteile allein, und sind ferner die Genauigkeitsanforderungen nicht allzu hoch, so kann man auch den umgekehrten Weg beschreiten und die Einzelteile vor dem Zusammenschweißen fertig bearbeiten. Man muß sie dann jedoch miteinander durch einige Schrauben oder Stifte verbinden oder die Stöße so vorbereiten, daß sie auch so fest und genau genug zusammengefügt werden können. Das Schweißen dient dann nur noch dazu, die Verbindungen zu befestigen und zu sichern. Um größere Spannungen dabei zu verhüten, muß es besonders vorsichtig geschehen. Die Schweißnähte dürfen keinesfalls von einem Ende bis zum andern durchgeschweißt werden, sondern abwechselnd immer nur an einzelnen Punkten. Meistens genügt das Verschweißen an einigen Punkten überhaupt schon. Abb. 25 zeigt einen einfachen kastenförmigen Körper, der nach diesem Verfahren hergestellt ist: Die senkrechten Wände sind in die waagerechten stramm eingefügt. Alle erforderlichen Löcher für Bohrbuchsen und Schrauben sind bereits vorher eingearbeitet worden. Selbstverständlich dürfen derartige Körper nach dem Schweißen nicht mehr geglüht werden.

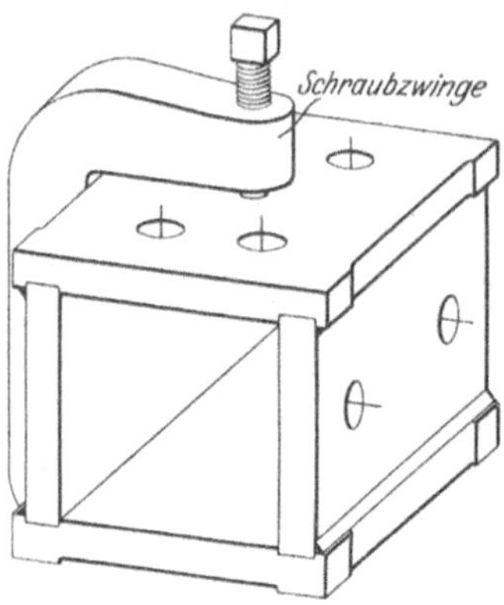

Abb. 25. Vor dem Schweißen fertig bearbeiteter Vorrichtungskörper.

Die Abb. 26—29 zeigen nun noch einige Arten der Schweißverbindungen, wie sie für das Aneinanderschweißen roher Teile üblich sind. Die Stärke der

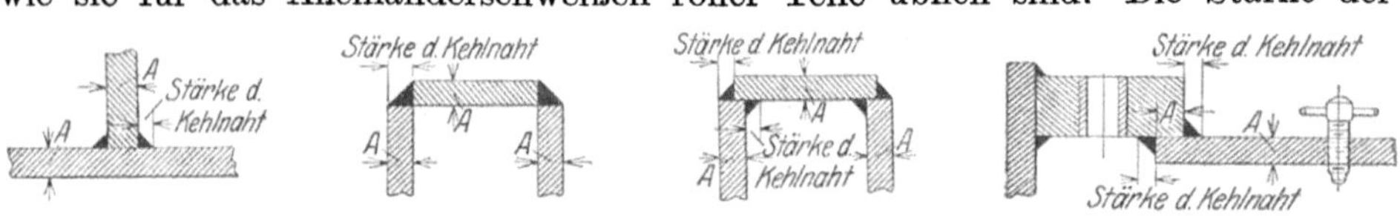

Abb. 26—29. Verschiedene Arten von Schweißnähten.

Schweißkehlnaht richtet sich nach der Blechstärke und soll etwa $^1/_4$A bis $^2/_3$A betragen, sofern sie sich nicht durch die Art der Verbindung von selbst bestimmt.

11. Herstellung von Bohrspannvorrichtungen. In der Regel bestehen die Bohrspannvorrichtungen hauptsächlich aus einem winkel- oder kastenförmigen Körper, der entweder aus einzelnen Teilen zusammengeschraubt, meistens aber zusammengeschweißt, oder auch aus einem Stück mit entsprechender Form geschmiedet oder gegossen wird. Die wichtigste und am sorgfältigsten auszuführende Arbeit ist in jedem Falle dabei das Bohren der Löcher für die Werkzeugführungen und für die Werkstückaufnahmedorne und Zentrierungen. Sofern nun im ersten Falle die mit Löchern zu versehenden Teile aus geraden Platten bestehen, so kann man sie natürlich ohne weiteres nach den bisher besprochenen Verfahren für die Herstellung der Bohrlehren einzeln herstellen und nach dem Bohren erst zu einem Winkel oder Kasten zusammenfügen. Die genaue Lage der Platten zueinander mit Bezug auf die fertiggebohrten Löcher hat dann der Schlosser zu bestimmen. Das kann wie bereits im vorigen Abschnitt erwähnt, nur in besonderen Fällen bei kleineren Vorrichtungen geschehen. Bei allen andern müssen die Löcher in den winkel- oder kastenförmigen Körper gebohrt werden. Das Bohren ist dann naturgemäß bedeutend schwieriger und erfordert mehr Überlegung; denn es ist nicht nur wie beim Bohren einfacher Bohrlehren auf die genauen Lochabstände, sondern auch auf die Lage der Löcher in den verschiedenen Wänden zueinander zu achten. Ferner muß auch die Richtung der Löcher zu den Auflageebenen des Vorrichtungskörpers genauestens eingehalten werden, besonders bei der Herstellung von doppelten Werkzeugführungen in gegenüberliegenden Wänden. Im Nachfolgenden werden an Hand einiger charakteristischer Beispiele wichtige Hinweise für eine sachgemäße Herstellung gegeben.

a) Bohren sich rechtwinklig in gleicher Ebene kreuzender Löcher. An dem in Abb. 30 dargestellten Körper für eine Standbohrspannvorrichtung muß das Bohrbuchsenloch *a* genau senkrecht zur Fläche *b* verlaufen und ferner genau unter 90° und in gleicher Ebene das Zentrierzapfenloch *c* schneiden. Das ist am einwandfreiesten dadurch zu erreichen, daß man den Körper beim Bohren auf eine Seite legt und nach dem Bohren des ersten Loches entweder auf dem Maschinentisch um 90° dreht, oder den Tisch zusammen mit dem Werkstück dreht. Die Auflageseite muß vorher aber genau rechtwinklig zu der Grundfläche *b* abgerichtet und vor dem Aufspannen des Werkstückes der Tisch auf seine genaue parallele Lage zur Maschinenspindel geprüft werden. Das geschieht dadurch, daß man die Maschinenspindel des Bohrwerkes zunächst auf die richtige Höhe einstellt und den Spindelkasten in der üblichen Weise festklemmt. Man verschiebt nun wie in Abb. 31 die Maschinenspindel in die beiden Endstellungen auf dem Tisch und prüft in diesen die jeweilige Höhe vom Tisch aus durch Unterschieben von Maßklötzen. Man spannt dazu, wie auch oben dargestellt, eine Bohrstange mit Bohrstahl ein, dessen Spitze als Ausgangspunkt beim Messen benutzt wird. Wird nun eine Abweichung festgestellt, so muß diese erst beseitigt werden. Manchmal rührt sie nur daher, daß die Schlittenführung des Spindelkastens auf dem Ständer verschmutzt ist und erst gereinigt werden muß; bisweilen kann man die Maschinenspindel auch dadurch genau einregulieren, daß man entweder die untere oder die obere Klemmschraube stärker anzieht. Eine weitere vorbereitende Maßnahme nach dem Prüfen ist noch das Aufspannen eines Spannkreuzes als Anschlag für das Werkstück. Das Spannkreuz bzw. dessen Anschlagkante erhält die erforderliche rechtwinklige Lage durch eine Führung in der Spann-Nute des Tisches. Für gewöhnliche Arbeiten genügt diese Genauigkeit meistens, für Vorrichtungsbau muß sie jedoch besonders nachgeprüft werden. Wie das geschehen kann, zeigt Abb. 32. In die Bohrstange wird eine Hakennadel eingespannt und die Bohrspindel um den angedeuteten Winkel gedreht. In den beiden Endstellungen muß die Nadel die Anschlagfläche des Spannkreuzes soeben berühren. Kleine Ungenauigkeiten kann man, da die Führung in der Spann-Nut in der Regel doch etwas Spiel hat, durch Hammerschläge in entsprechender Richtung be-

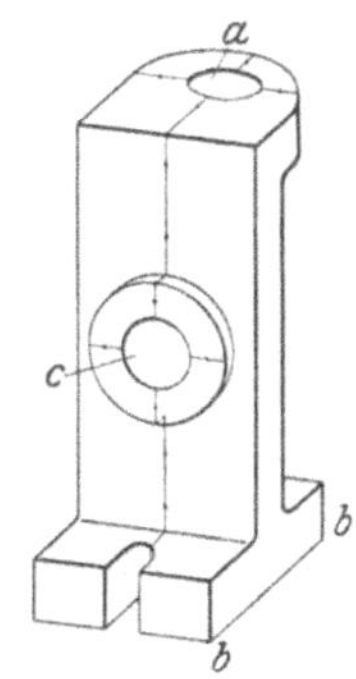

Abb. 30. Vorrichtungskörper, angerissen zum Ausbohren von zwei sich senkrecht in gleicher Ebene schneidender Löcher.

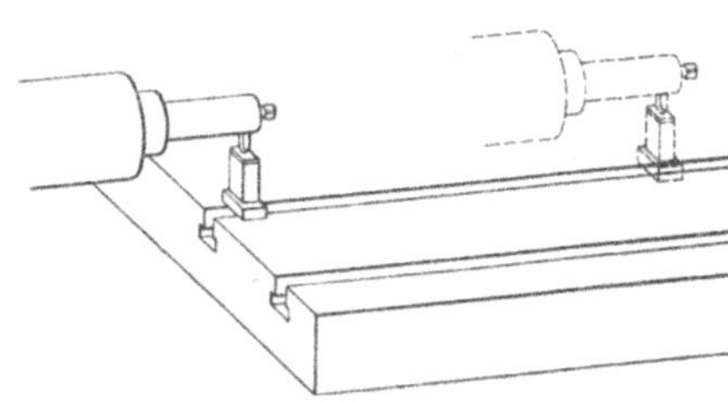
Abb. 31. Prüfen des Bohrwerktisches auf Parallelität zur Bohrstange.

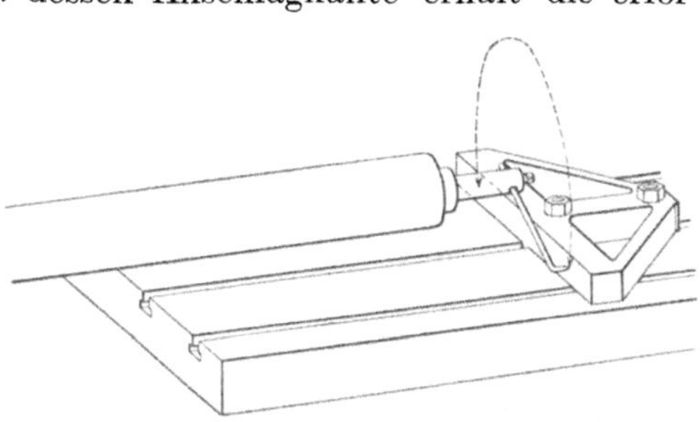
Abb. 32. Prüfen eines aufgespannten Spannkreuzes auf rechtwinklige Lage zur Bohrspindel.

seitigen. Vor dieser Prüfung darf man jedoch nicht vergessen, ein etwaiges axiales Spiel der Maschinenspindel zu beseitigen. Die oben erläuterten Kontrollarbeiten kann man dann natürlich unterlassen, wenn dauernd die gleiche Maschine für derartige Arbeiten zur Verfügung steht, deren Genauigkeit genügend erprobt ist.

Abb. 33 zeigt nun das aufgespannte Werkstück zum Bohren des Bohrbuchsenloches. Die abgerichtete Grundfläche berührt dabei die Anschlagfläche des Spann-

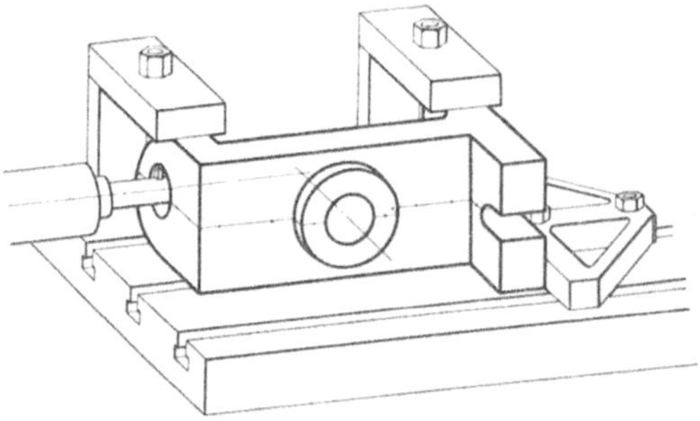

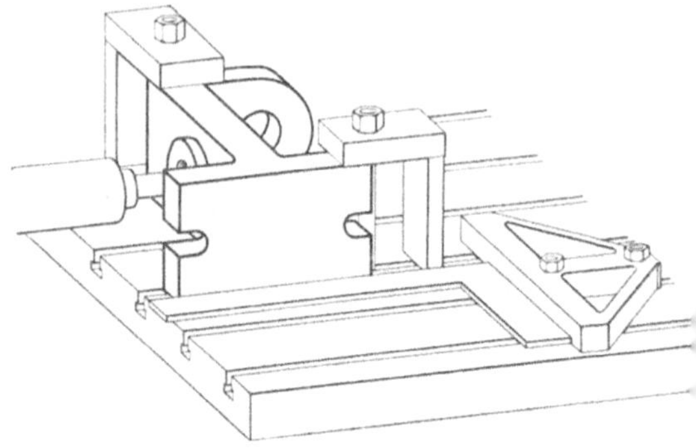

Abb. 33 u. 34. Bohren eines Vorrichtungskörpers.

kreuzes. Zum Bohren des waagerechten Loches für den Zentrierzapfen wird das Werkstück losgespannt, um 90° gedreht und wieder festgespannt (Abb. 34). Zum Ausrichten verwendet man, wie in der Darstellung ersichtlich, einen sehr genauen 90°-Winkel, den man gegen das Spannkreuz schlägt. Dieses Verfahren gewährleistet eine sehr hohe Genauigkeit, besonders mit Bezug auf die Lage der beiden Löcher in gleicher Ebene.

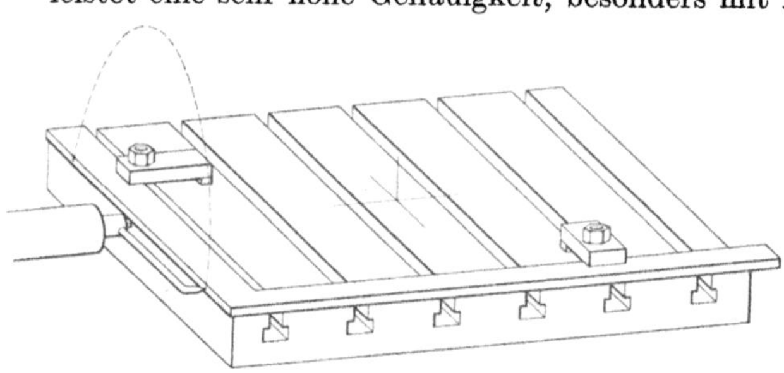

Abb. 35. Prüfen eines schwenkbaren Bohrwerktisches auf rechtwinkliges Teilen.

Ist der Aufspanntisch des Bohrwerkes schwenkbar, so kann man den Vorrichtungskörper natürlich auch in einer Aufspannung fertigstellen. Die Wirkungsweise des Tisches muß dann jedoch vorher nachgeprüft werden. Zunächst muß festgestellt werden, ob der Tisch auch tatsächlich genau um 90° teilt. Abb. 35 zeigt, wie das geschehen kann. Es wird dazu ein großer 90°-Winkel verwendet, den man in der Ausgangsstellung des Tisches mit der Hakennadel ausrichtet und festspannt. Nachdem man den Tisch um 90° geschwenkt hat, kann man nun die Teilgenauigkeit auf die gleiche Art nachprüfen. Sodann ist nachzuprüfen, ob die Spannfläche des Tisches genau parallel zur Drehebene liegt. Das geschieht dadurch, daß man in verschiedenen Drehstellungen mit Maßklötzen den Abstand zwischen Bohrspindel und Tisch ausmißt, der überall gleich sein muß. Man kann dazu auch eine Meßuhr verwenden.

Ebenso genau lassen sich derartige winkelförmige Vorrichtungskörper auch nach dem folgenden Verfahren bohren, das hauptsächlich dann in Frage kommt, wenn die Seiten des Körpers schräg zur Grundfläche verlaufen und daher nicht rechtwinklig zu dieser abgerichtet werden können. Man geht dabei nur von der Grundfläche aus, die auch nur allein vorher abzurichten ist. Der Vorrichtungskörper wird mit der abgerichteten Fläche so gegen einen Aufspannwinkel gespannt, daß die Ebene, in der die beiden zu bohrenden Löcher liegen sollen, parallel zu der unteren Aufspannfläche des Spannwinkels liegt. Um die sich rechtwinklig kreuzenden Löcher bohren zu können, wird das Werkstück zusammen mit dem Aufspannwinkel auf dem Maschinentisch gedreht, ohne daß das Werkstück umgespannt wird. Selbstverständliche Voraussetzung ist auch hierbei wieder die genaue parallele Lage des Maschinentisches zur Bohrspindel. Die rechtwinklige Lage des Aufspannwinkels zur Maschinenspindel wird ähnlich wie in Abb. 32 bereits mit dem Spannkreuz gezeigt, eingestellt. Abb. 36 zeigt nun das Ausbohren des Bohrbuchsen-

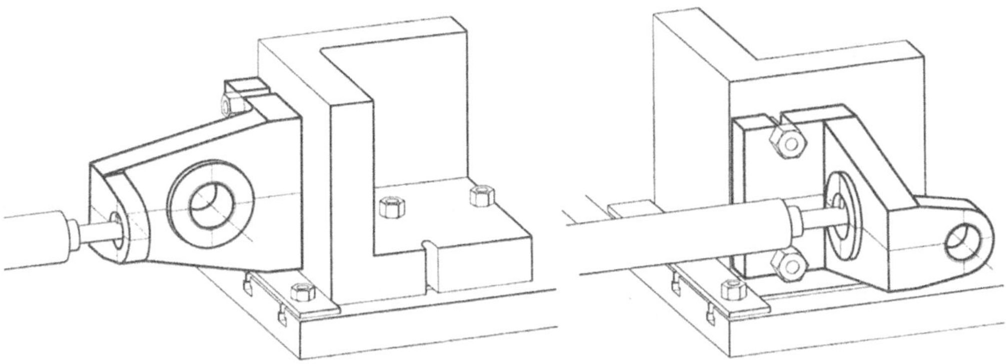

Abb. 36 u. 37. Bohren eines Vorrichtungskörpers am Winkel.

loches senkrecht zur Grundfläche. Es ist dabei ein Aufspannwinkel mit drei rechtwinklig zueinander geneigten Aufspannflächen verwendet worden, der für diesen Zweck besonders gut geeignet ist. Um den Winkel zum Bohren des zweiten Loches genau um 90° drehen zu können, ohne ihn nochmals ausrichten zu müssen, ist eine Richtschiene auf den Tisch mit aufgespannt worden, gegen den der Winkel beim Drehen angeschlagen wird (Abb. 37).

b) Bohren der Bohrbuchsenlöcher in kastenförmigen Vorrichtungskörpern. Nach dem Bohren der Bohrbuchsenlöcher in kastenförmige Vorrichtungskörper zeigen sich häufig Fehler, deren Ursachen nicht sofort erkennbar sind, da scheinbar alles in Ordnung gegangen ist. Besonders zeigen sich Fehler beim Fluchten gegenüberliegender Löcher für doppelte Werkzeugführungen wie in Abb. 38

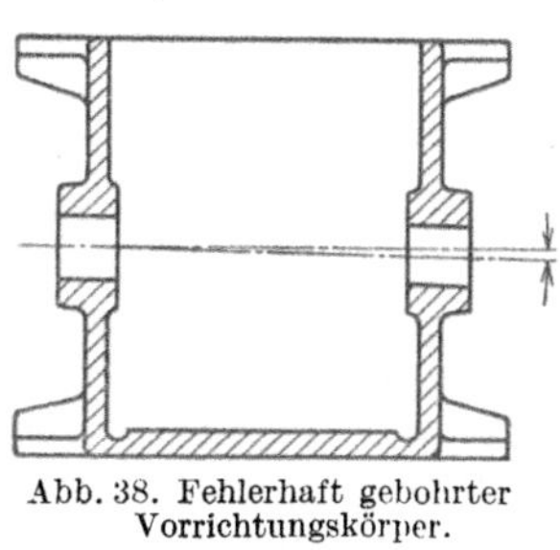

Abb. 38. Fehlerhaft gebohrter Vorrichtungskörper.

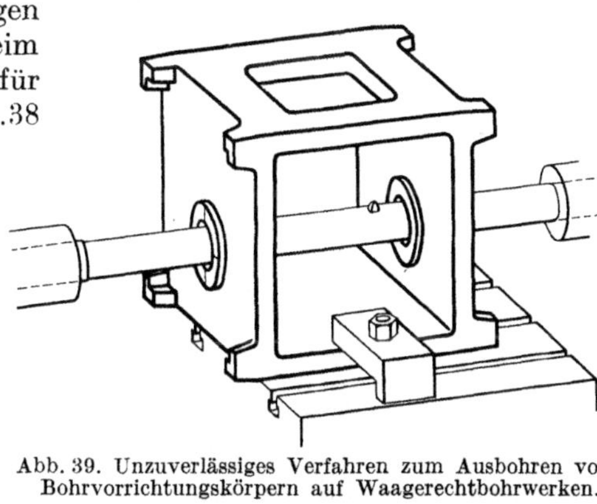

Abb. 39. Unzuverlässiges Verfahren zum Ausbohren von Bohrvorrichtungskörpern auf Waagerechtbohrwerken.

übertrieben dargestellt. In Abb. 39 ist daher zunächst ein Verfahren für das Bohren gegenüberliegender Löcher auf einem Bohrwerk gezeigt, das allgemein üblich und für gewöhnliche Arbeiten auch genau genug ist. Für die Herstellung von Vorrichtungskörpern ist es jedoch nicht geeignet, da es die Ursache von Fehlern in sich birgt, wie sie bereits erwähnt wurden. Auch wenn der Vorrichtungskörper wie in Abb. 40 dargestellt, genau nach den vorher abgerichteten Füßen *a*, *b*, *c* und *d* mit einer Hakennadel ausgerichtet worden ist, kann es doch sehr leicht vorkommen, daß nach dem Bohren mit der Bohrstange die Löcher nicht genau miteinander fluchten, bzw. die Fluchtlinie nicht genau rechtwinklig zur Auflageebene des Vorrichtungskörpers verläuft. Das kommt daher, daß es kaum möglich ist, die Bohrstangenführung so genau, wie es die Arbeit erfordert, auszurichten. Die Bohrstange wird daher immer mehr oder weniger beim Arbeiten gewaltsam aus der natürlichen Fluchtlinie gezwängt werden und nicht wie die Maschinenspindel genau senkrecht zu der Auflageebene des Vorrichtungskörpers liegen.

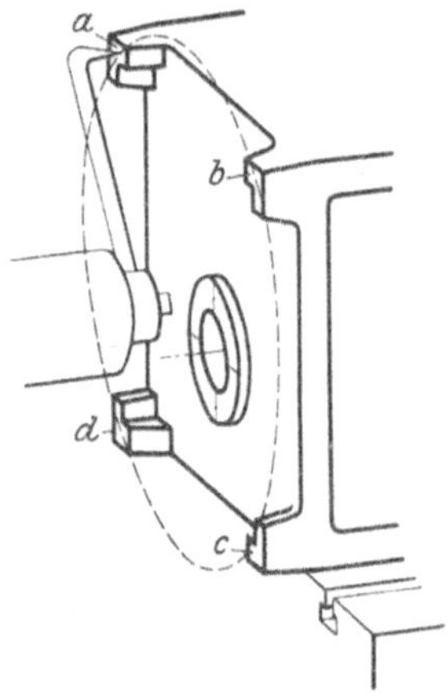

Abb. 40. Ausrichten des Bohrvorrichtungskörpers für das unzuverlässige Verfahren Abb. 39.

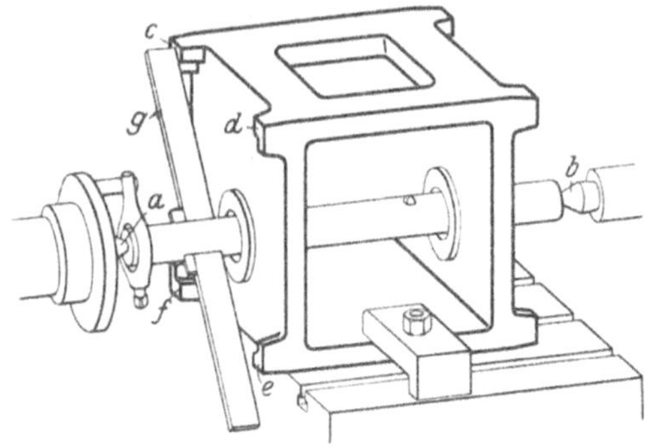

Abb. 41. Zuverlässiges Verfahren zum Ausrichten und Ausbohren von Bohrvorrichtungskörpern auf Waagerechtbohrwerken und Drehbänken.

Eine viel genauere Arbeit wird man dann erzielen, wenn man wie in Abb. 41 oder 43 verfährt: man läßt die Bohrstange zwischen zwei Körnerspitzen *a* u. *b* laufen und den Aufspanntisch mit dem Werkstück ziehen. Dieses richtet man dadurch aus, daß man in die Bohrstange ein Richtlineal (*g* Abb. 41) oder auch eine Hakennadel einspannt und damit die Füße *c*, *d*, *e* und *f* des Vorrichtungskörpers abfühlt. An Stelle eines Bohrwerkes kann man hierbei auch eine Drehbank verwenden, indem man den Längssupport als Aufspanntisch benutzt. Sie ist in mancher Hinsicht noch besser dazu geeignet als ein älteres Bohrwerk. Allerdings können bei diesem Verfahren, wie in Abb. 42 übertrieben dargestellt, auch noch unzulässige Fehler gemacht werden, wenn die Maschine selbst gröbere Fehler hat.

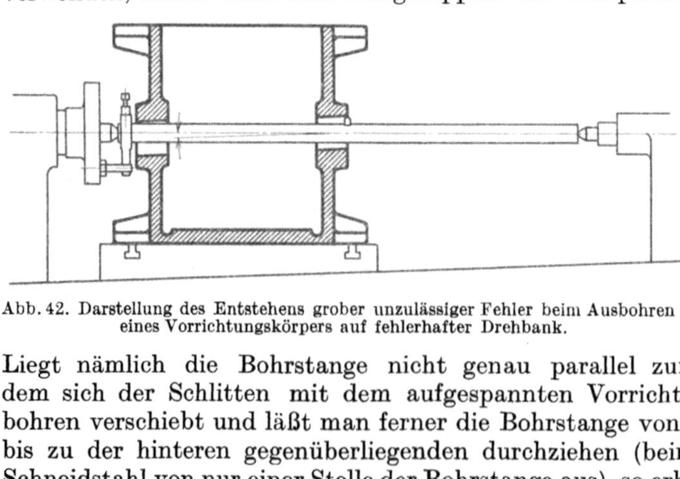

Abb. 42. Darstellung des Entstehens grober unzulässiger Fehler beim Ausbohren eines Vorrichtungskörpers auf fehlerhafter Drehbank.

Liegt nämlich die Bohrstange nicht genau parallel zum Maschinenbett, auf dem sich der Schlitten mit dem aufgespannten Vorrichtungskörper beim Ausbohren verschiebt und läßt man ferner die Bohrstange von der vorderen Bohrung bis zu der hinteren gegenüberliegenden durchziehen (beim Arbeiten mit einem Schneidstahl von nur einer Stelle der Bohrstange aus), so erhält die fertige Bohrung eine andere Richtung als die Bohrstange sie hat: trotz genau senkrechter Lage der

Bohrstange zu der Ausgangs- und Auflagefläche des Vorrichtungskörpers wird die Bohrung also schief. Wenn aber wie in Abb. 43 vorgegangen und der Schlitten nicht weiter verfahren wird als für die Herstellung einer einzelnen Bohrung erforderlich ist, so ergeben sich für jede einzelne Bohrung kleine Richtungsfehler (in Abb. 43 übertrieben dargestellt), die Gesamtrichtung für beide Bohrungen behält jedoch die Richtung der Bohrstange bei. Auch wenn die Maschine schon gröbere Fehler aufweist, werden die Richtungsfehler der einzelnen Bohrungen kaum ausmeßbar und daher belanglos sein.

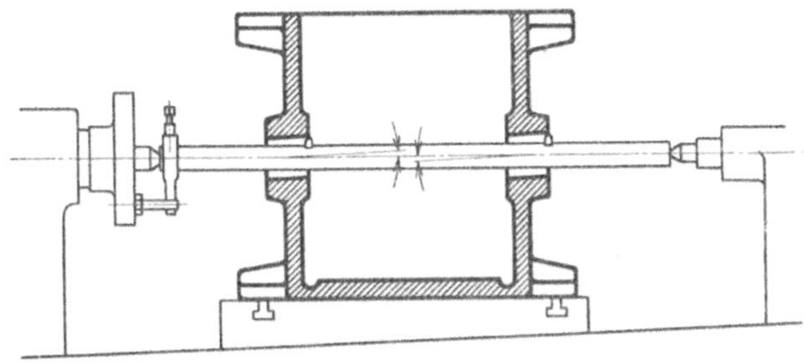

Abb. 43. Richtiges Ausbohren des Vorrichtungskörpers auf der gleichen fehlerhaften Drehbank und übertriebene Darstellung der noch möglichen aber zulässigen Fehler.

Ein anderes Verfahren ist noch in Abb. 44, 45 und 46 dargestellt. Es kann sowohl auf einfachen Bohrmaschinen, als auch auf Lehrenbohrmaschinen angewendet

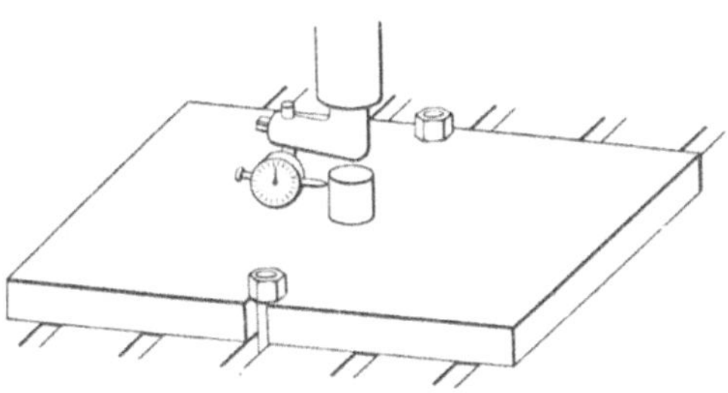

Abb. 44.

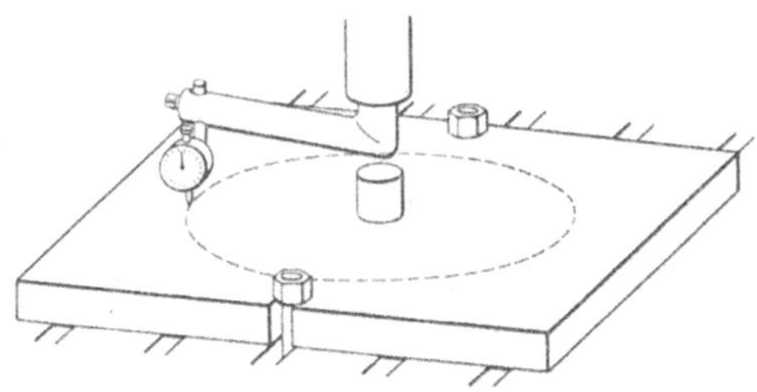

Abb. 45.

Ausrichten einer Zentrier- und Aufspannplatte für das Ausbohren eines Bohrvorrichtungskörpers nach dem Verfahren Abb. 46.

werden: Nachdem der Vorrichtungskörper wie eine gewöhnliche Bohrlehrenplatte von einer Seite fertiggestellt ist, wird er auf dem Maschinentisch so aufgespannt, daß die Maschinenspindel mit dem bereits gebohrten Loch, das nach unten gerichtet ist, genau fluchtet (Abb. 46). Dazu wird eine genau abgerichtete Platte mit Zentrierdorn benutzt, die vorher mit einer Meßuhr wie in Abb. 44 und 45 ausgerichtet wird. Selbstverständlich muß die Maschinenspindel sehr kräftig und einwandfrei gelagert sein.

Am schnellsten und genauesten lassen sich kastenförmige Vorrichtungskörper herstellen, wenn alle daran vorkommenden Bohrarbeiten in nur einer Aufspannung erledigt werden können. Das gestattet die für diese Zwecke auf den Markt gebrachte Vorrichtungsbohrmaschine von höchster Genauigkeit (Abb. 47). Eine senkrechte und zwei waagerechte Bohrspindeln ermöglichen das Bohren des Werkstückes von drei Seiten in einer Aufspannung. Wird noch ein Drehtisch mit

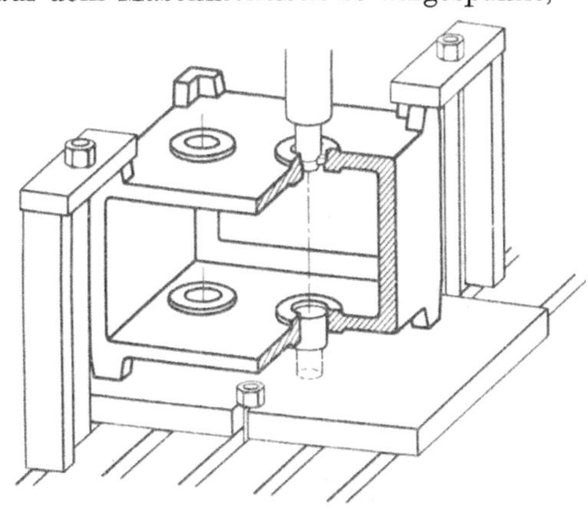

Abb. 46. Verfahren für das Ausbohren eines Bohrvorrichtungskörpers auf gewöhnlichen oder Lehrenbohrenmaschinen.

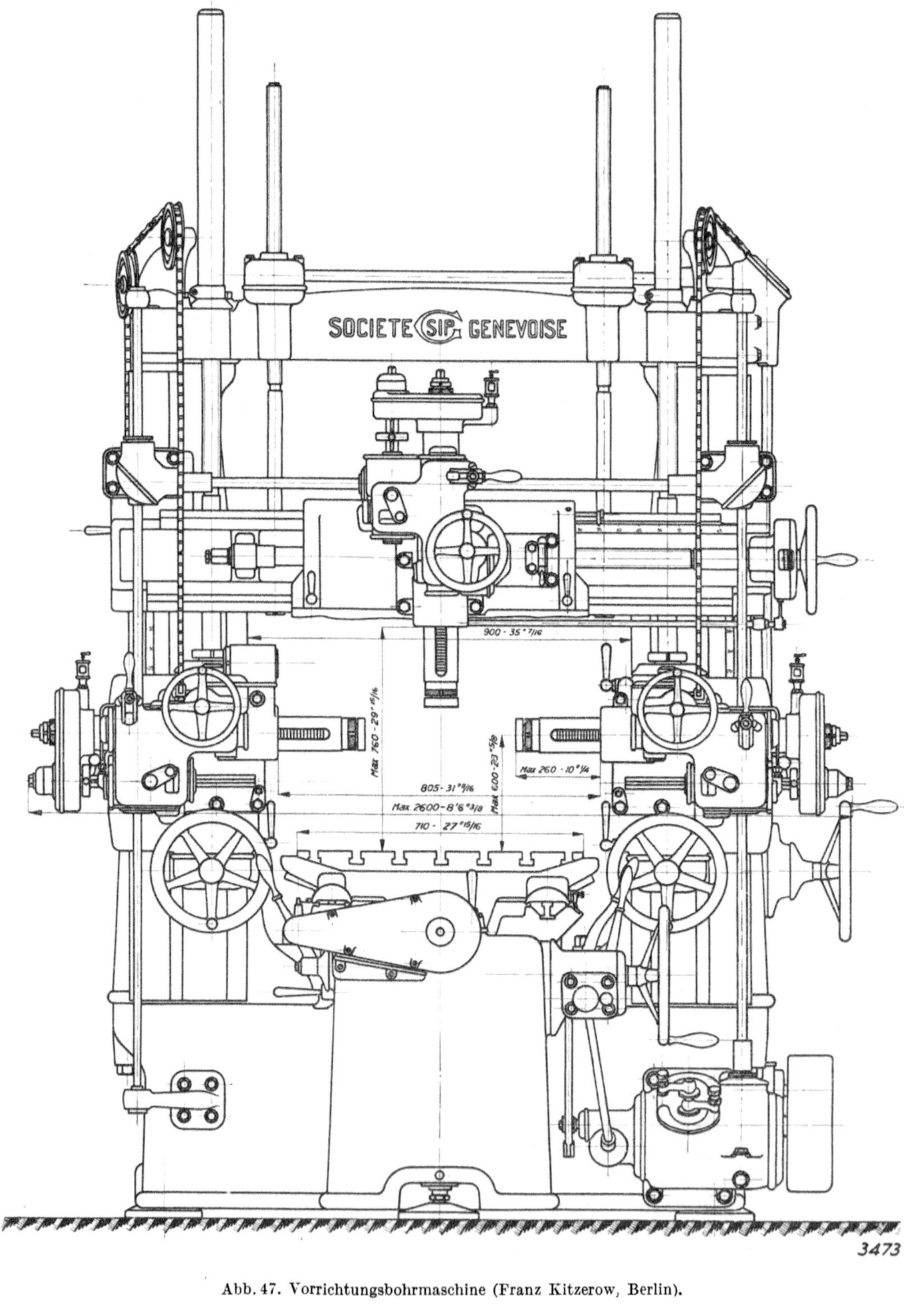

Abb. 47. Vorrichtungsbohrmaschine (Franz Kitzerow, Berlin).

genauer Teileinrichtung zu Hilfe genommen, so wird es kaum noch Arbeiten geben, die man nicht in einmaliger Aufspannung fertigstellen kann. Alle Fehler, die sonst beim Umspannen des Werkstückes gemacht werden können, scheiden hierbei von vornherein aus. Die genaue Richtung der Löcher zueinander und das einwandfreie Fluchten wird allein durch die Maschine bzw. den Drehtisch verbürgt. Wegen des hohen Preises wird es aber nur wenigen Betrieben möglich sein, diese Maschine anzuschaffen.

c) Abflächen der Lochwarzen. Gewöhnlich werden die Stirnflächen für Buchsen- und Bolzenlochwarzen nur in der üblichen Weise mit einem Bohrstangenmesser, oder auch mit einem fliegenden Support abgeflächt. Muß eine Stirnfläche aus bestimmten Gründen aber genau rechtwinklig zur Bohrung sein, z. B. wenn sie bei einem Bolzenloch als Anlagefläche für das Werkstück dienen soll, etwa wie in Abb. 48, so muß sie außerdem noch vom Schlosser besonders abgerichtet werden; denn die Maschinenarbeit, besonders die mit Bohrstangenmesser hergestellte, ist nicht genau genug. Das Abrichten sei nun an Hand des Beispiels Abb. 48 kurz erläutert: Nachdem der Werkstückaufnahmedorn *a* in den Vorrichtungskörper *b* eingeschraubt ist, wird mit einem besonders hergestellten Hilfsring *c*, der spielfrei auf den Dorn paßt und im Durchmesser etwas größer als die Lochwarze ist, die Stirnfläche *d*—*d* angerieben und solange nachgeschabt, bis der Ring überall trägt. Selbstverständlich müssen Bohrung und Stirnfläche des Hilfsringes genauestens in einer Aufspannung gedreht sein. Als Abrichtring kann man oft auch einen vorhandenen Kaliberring verwenden.

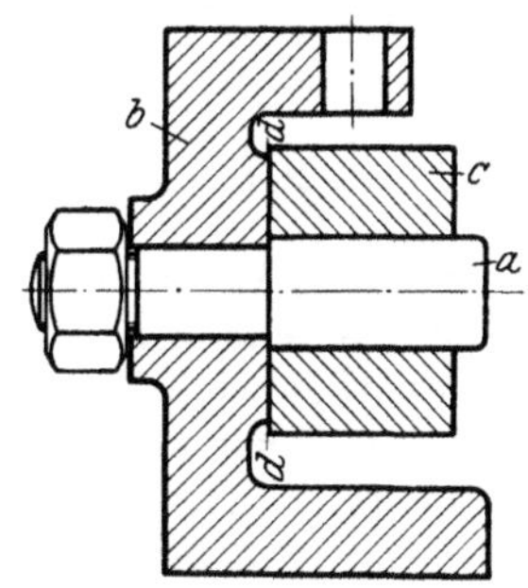

Abb. 48.
Anreiben einer Lochwarzenstirnfläche mit einem Hilfsring.

12. Herstellung der Bohrbuchsen. Mit Bezug auf die Herstellungsgenauigkeit unterscheidet man grundsätzlich zwei Arten der Bohrbuchsen: 1. Bohrbuchsen, die hauptsächlich zum Führen von Spiralbohrern beim Bohren untergeordneter Löcher (Schrauben- und Nietlöcher) dienen und 2. Bohrbuchsen, die zum mittel- und unmittelbaren Führen von Spiralbohrern, Senkern, Bohrstangen, Reibahlen usw. bzw. zur Aufnahme von Wechselbuchsen beim Bohren maßhaltiger Löcher dienen. Bohrbuchsen der ersten Art können verhältnismäßig roh hergestellt werden. Es genügt vollkommen, wenn sie gleich auf richtiges Maß gebohrt und nach dem Härten nur außen geschliffen werden. Das Innenschleifen kann, da es die Herstellung der Bohrbuchsen sehr verteuert, ganz fortfallen. Es muß jedoch ein geeigneter Stahl verwendet werden, der sich beim Härten nicht verzieht. Mit Rücksicht auf die weiten Toleranzen der im Handel geführten Spiralbohrer und ein etwaiges Zusammenziehen beim Einpressen sind die Buchsen innen etwas größer zu halten. Bei Buchsen bis zu 30 mm Bohrung genügen etwa 0,1 mm, bei größeren muß auch das Spiel entsprechend größer sein. Zu den Buchsen der zweiten Art gehören hauptsächlich die Wechselbuchsen. Sie müssen mit viel größerer Sorgfalt hergestellt werden und daher auch innen eine Schleifzugabe beim Vordrehen erhalten. Nach dem Härten sind sie zunächst innen genau rund und maßhaltig auszuschleifen. Dabei dürfen sie nicht verspannt werden, was zur Folge hätte, daß sie nach dem Abspannen unrund wären (s. 1. Teil, Fehler beim Spannen). Aus diesem Grunde sind Dreibackenfutter zum Einspannen beim Innenschleifen ungeeignet. Zweckmäßiger sind Sonderspannvorrichtungen nach Art der in Abb. 49 u. 50 abgebildeten, mit dem die Buchsen nicht verspannt werden können, da sie in Richtung der Lochachse gespannt werden. Zentriert werden die Buchsen durch einen Kegelbolzen (Abb. 50), der nach dem Festspannen entfernt wird. Die Spannvorrichtung ist so konstruiert, daß man sie durch Auswechseln der Spannplatten für eine größere Anzahl Bohrbuchsendurchmesser verwenden kann. Nachdem die Buchsen innen geschliffen sind, werden sie auf einem Zentrierschleifdorn für Preß- bzw. Schiebesitz außen fertiggeschliffen und des besseren Anschnäbelns und Einführens wegen vorn etwas schwächer

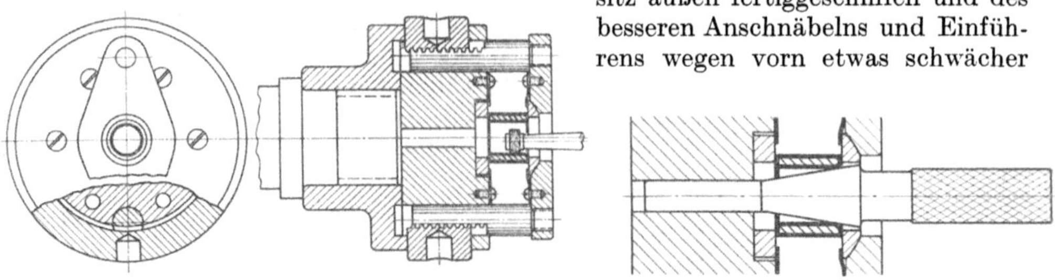

Abb. 49—50. Spannvorrichtung zum Innenschleifen der Bohrbuchsen (axial spannend).

gehalten. Vor dem Einpressen der Festbohrbuchsen darf nicht vergessen werden, die Wandstärken auf Gleichmäßigkeit zu prüfen. Diese Kontrolle ist außerordentlich wichtig; unterbleibt sie, so ergeben sich später allerlei Beanstandungen, die zunächst nicht zu erklären sind. Ferner darf nicht vergessen werden, die Buchsen vor dem Einpressen am unteren Rand etwas abzurunden, damit sie das Loch im weichen Bohrbuchsenträger nicht größer räumen, wie sie es tun, wenn die Kanten scharf bleiben. Eine solche Buchse würde sich später schnell lockern. Beim Einpressen der Buchsen ist es nicht ganz zu vermeiden, daß sie sich in ihrer Form ein wenig verändern. Sie werden etwas enger, bisweilen auch dann etwas unrund, wenn die Bohrbuchsenträger aus konstruktiven Gründen einseitig etwas zu schwach gehalten werden müssen. Endlich können sie, wenn sie ausnahmsweise sehr kurz gehalten werden müssen, auch etwas schief eingepreßt werden. Es ist daher unbedingt erforderlich, daß die dazugehörigen Werkzeuge auf einer Bohrmaschine, deren Spindel genau senkrecht zum Tisch steht, in die Bohrbuchsen eingepaßt werden. Damit wird sowohl die Maßhaltigkeit, als auch die Lochrichtung geprüft. Zeigen sich Fehler durch Klemmen der Werkzeuge, so können sie durch Nachschleifen mit einem Kupferdorn auf der Maschine beseitigt werden (Abb. 51). Die Konstruktion des Kupferdornes zeigt Abb. 52.

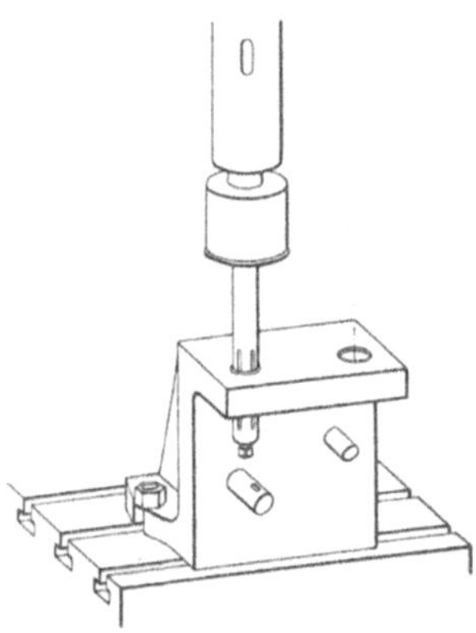

Abb. 51. Nachregulieren der in den Vorrichtungskörper eingetriebenen Bohrbuchsen durch einen Kupferdorn auf der Bohrmaschine.

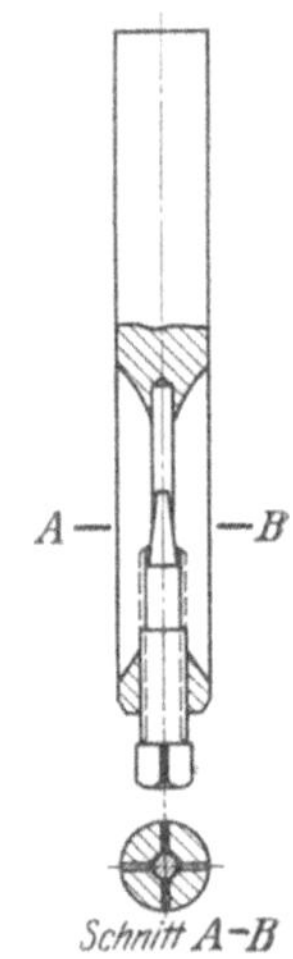

Abb. 52. Konstruktion eines Kupferregulierdornes.

13. Kontrolle der Vorrichtungen. Jede fertiggestellte Vorrichtung muß nach zwei Gesichtspunkten kontrolliert werden: auf Einhaltung der Maße, die sich auf das Werkstück beziehen, und auf einwandfreie Ausführung und zweckmäßiges Funktionieren.

a) Maßkontrolle. Diese Kontrolle ist eine reine Angelegenheit des Revisionsbeamten, der für die richtige Einhaltung der Maße verantwortlich zu machen ist. Da nun einerseits kaum eine Vorrichtung mit Bezug auf diese Maße ganz fehlerfrei hergestellt werden kann, anderseits die Beseitigung dieser Fehler die Herstellung der Vorrichtung ganz wesentlich verteuern würde, so muß die Kontrolle sinngemäß ausgeführt werden, d. h., es ist in jedem Falle genau zu prüfen, wie sich die Fehler bei der Fertigung auswirken und welchen Einfluß sie auf den Austauschbau haben. In vielen Fällen wird man Fehler, da sie in dieser Beziehung ganz belanglos sind, ohne weiteres zulassen können und somit erhebliche Kosten für die Beseitigung der Fehler ersparen. Unbedingt erforderlich ist es, daß vom Revisionsbeamten ein Buch geführt wird, in das das Ergebnis der Kontrolle jeder einzelnen Vorrichtung sorgfältig eingetragen wird. Alle festgestellten Abweichungen sind in genauen Werten so einzutragen, daß sie nötigenfalls später nachgeprüft werden können. Der Klarheit halber wird auch oft eine Skizze erforderlich sein. Bei etwaigen Beanstandungen der Vorrichtung später im Betriebe kann dann sehr schnell nachgeprüft werden, ob die ursprünglichen Fehler der Vorrichtung, oder inzwischen eingetretener Verschleiß oder Beschädigungen die Ursache sind. Bei Bohrvorrichtungen und Bohrlehren muß der Bohrbuchsenträger unbedingt vor dem Einpressen der Bohrbuchsen auf die richtigen Lochabstände geprüft werden.

b) Kontrolle der Zweckmäßigkeit. Während sich die Maßkontrolle nur auf die einzelnen Vorrichtungen erstreckt, so kann die Zweckmäßigkeit nur dadurch richtig geprüft werden, daß man alle zu einer Arbeitsstufe erforderlichen Einrichtungen, also sowohl Vorrichtung wie Werkzeuge und sonstigen Hilfseinrichtungen in ihrer Gesamtheit auf ihr Arbeiten miteinander untersucht. Das geschieht am besten dadurch, daß man sie an einem Werkstück ausprobiert. Das ist in der eigenen Werkstatt im allgemeinen nur bei kleinen Vorrichtungen, im besonderen bei Bohrspannvorrichtungen möglich. Zu prüfen ist bei den Vorrichtungen, ob das Werkstück schnell genug eingespannt werden kann, ferner, ob es nach der Bearbeitung auch eben so schnell aus der Vorrichtung zu entfernen ist. Denn durch Gradbildung am Werkstück nach der Bearbeitung und durch Festsetzen von Spänen können Hemmungen eintreten. Ist etwas nicht in Ordnung, so ist die Vorrichtung umzuändern bzw. richtigzustellen, ganz gleich, ob ein Konstruktions- oder Ausführungsfehler vorliegt. Auf alle Fälle ist dem Konstrukteur die Vorrichtung vorzuführen, damit er sich überzeugen kann, ob die Vorrichtung in seinem Sinne arbeitet. Durch eine genaue Kontrolle des fertigbearbeiteten Werkstückes wird endlich festgestellt, ob die Werkzeuge maßhaltig arbeiten und die Kontroll- und Einstellwerkzeuge beim Arbeiten auch praktisch anwendbar sind. Es darf auch nicht vergessen werden nachzuprüfen, ob alle Teile, die gehärtet sein müssen, auch tatsächlich so hart sind, daß ein baldiger Verschleiß unmöglich ist. Als geschlossene Bearbeitungseinheit sind auch sämtliche Teile, also sowohl Vorrichtung wie Werkzeuge und sonstigen Einrichtungen abzuliefern. Vorrichtungen, die nicht in der eigenen Werkstatt geprüft werden können, sind an Ort und Stelle im gleichen Sinne zu prüfen. Mit der Ausführung dieser Kontrolle sind sehr gewandte Praktiker, möglichst gelernte Werkzeugmacher zu beauftragen, die sich bei allen Bearbeitungsarten aufs beste bewährt haben. Je sorgfältiger man die Auswahl trifft, um so größer werden die erzielten Erfolge sein. Natürlich kann auch gleichzeitig mit der Kontrolle die Zeitaufnahme verbunden werden.

II. Aufstellen und Inbetriebsetzen der Vorrichtungen.

Mit der einwandfreien Ausführung der Vorrichtungen und der Ablieferung an den Betrieb können die Aufgaben des Vorrichtungsbaues in der Regel noch nicht als erschöpft betrachtet werden: es wird meistens auch das richtige Aufstellen der Vorrichtungen nach wirtschaftlichen Gesichtspunkten und das Inbetriebsetzen verfolgt werden müssen, das außerordentlich wichtig für die bestmögliche Ausnutzung ist. Geschieht das nicht oder in nicht genügendem Maße, überläßt man alles weitere dem Betriebe, so können unter Umständen auch die besten Vorrichtungen mehr oder weniger wertlos werden. Die gleichen Mißstände werden aber auch dann auftreten und dann um so schwerer zu beseitigen sein, wenn die zweckmäßigste Art der Aufstellung nicht schon bei der Konstruktion genügend berücksichtigt wurde. Entscheidend dafür, ob eine Vorrichtung so aufgestellt werden kann, daß es möglich ist, sie wirtschaftlich auch richtig auszunutzen, ist oft allein die Tatsache, ob sie für die jeweilige Fertigungsart, entweder für die Reihenfertigung mit regelmäßigen Unterbrechungen oder für die fortlaufende Massenfertigung, also für ununterbrochene Benutzung, unter Anpassung an Art und Beschaffenheit der Maschinen bezüglich der Aufstellung richtig konstruiert worden ist.

Im Nachfolgenden werden nun des näheren die Gründe dafür dargelegt, weshalb zwar an und für sich gut, aber ohne besondere Rücksichten durchgebildete Vorrichtungen in der Reihenfertigung sich bisweilen überhaupt nie bezahlt machen können. Ferner wird dargelegt, daß es sehr wohl möglich ist, bei den gleichen Vorbedingungen mit vorbedachter Rücksicht auf den Gebrauch in der Reihenfertigung, die Vorrichtungen so zu konstruieren und aufzustellen, daß ihre wirtschaftliche Ausnutzung durchaus gewährleistet ist. Die folgenden Ausführungen sind also grundlegend für die Konstruktion der Vorrichtungen.

A. Bedeutung der Einrichtzeiten für die Wirtschaftlichkeit der Vorrichtungen.

14. Einrichtzeit im Verhältnis zur Gesamtarbeitszeit. Es liegt in der Natur der Sache, daß Vorrichtungen dann am besten ausgenutzt werden können und die meisten Ersparnisse am einzelnen Werkstück bringen, wenn mit ihnen ununterbrochen gearbeitet werden kann; denn wenn sie erstmalig aufgestellt und ausprobiert sind, entstehen keine weiteren Unkosten mehr, außer solchen, die durch den natürlichen Verschleiß verursacht werden. Ein Dauerbetrieb ist wegen der mangelnden hohen Stückzahlen in den meisten Werkstätten jedoch nicht möglich, so daß mit den Vorrichtungen nur zeitweise, mit kleineren oder größeren Unterbrechungen gearbeitet werden kann. Zu den erstmaligen Unkosten für das Aufstellen und Ausprobieren treten dauernde Unkosten für Aufbewahrung, Beförderung vom Aufbewahrungsraum zur Maschine, etwaige Reparaturen, veranlaßt durch Beschädigung bei der Beförderung, Fehlstücke, entstanden durch beschädigte Vorrichtungen und endlich für das jedesmalige Auf- und Abbauen. Diese Einrichtungsunkosten können sich unter Umständen so steigern, daß bei geringen Stückzahlen die Ersparnisse, die mit den Vorrichtungen überhaupt erzielt werden könnten, wieder aufgezehrt werden. Wirtschaftliche Vorteile lassen sich dann nur erreichen, wenn es möglich ist, die Stückzahlen wesentlich zu erhöhen. Das wird um so eher erforderlich sein, je größer die Einrichtzeiten sind. Das nachfolgende Zahlenbeispiel, dem ein zeichnerischer Vergleich (Abb. 53) beigefügt ist, zeigt deutlich den Einfluß der Stückzahlen auf die Wirtschaftlichkeit der Vorrichtungen. Zugrundegelegt ist eine auf das beste durchgebildete

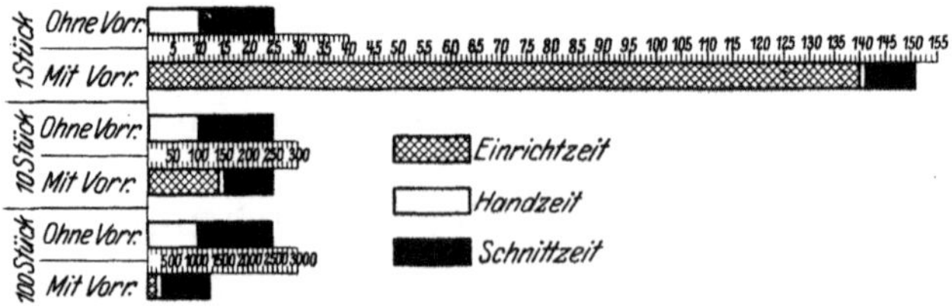

Abb. 53. Zeichnerischer Vergleich für den Einfluß der Stückzahlen auf die Wirtschaftlichkeit der Vorrichtungen.

Spannvorrichtung für sehr genau auszuführende Fräsarbeiten, mit der sowohl die Handzeiten, als auch die reinen Schnittzeiten wesentlich herabgesetzt werden konnten. Die Einrichtzeit für die Vorrichtung ist dagegen ziemlich hoch, da die Fräsarbeit auf das genaueste auszuführen ist und auch alle mit dem Einrichten verbundenen und bereits erwähnten Nebenarbeiten, z. B. für die Hin- und Herbeförderung, mit eingerechnet sind.

1. Gesamtarbeitszeit für 1 Werkstück.

a) ohne Vorichtung = Handzeit + Schnittzeit = 10 + 15 = 25 min,

b) mit Vorrichtung = Einrichtzeit + Handzeit + Schnittzeit = 140 + 1 + 10 = 151 min.

2. Gesamtarbeitszeit für 10 Werkstücke.

a) ohne Vorrichtung = 10 Handzeiten + 10 Schnittzeiten = 100 + 150 = 250 min,

b) mit Vorrichtung = Einrichtzeit + 10 Handzeiten + 10 Schnittzeiten = 140 + 10 + 100 = 250 min.

3. Gesamtarbeitszeit für 100 Werkstücke.

a) ohne Vorrichtung = 100 Handzeiten + 100 Schnittzeiten = 1000 + 1500 = 2500 min,

b) mit Vorrichtung = Einrichtzeit + 100 Handzeiten + 100 Schnittzeiten = 140 + 100 + 1000 = 1240 min.

Hieraus geht hervor, daß die Wirtschaftlichkeit der Vorrichtungen in diesem Falle erst bei Stückzahlen über 10 beginnt, jedoch bei 100 schon einen sehr hohen Grad erreicht, der nicht wesentlich mehr überschritten werden kann. Man sieht auch, daß der wichtigste Punkt die Einrichtzeit ist, die also nach Möglichkeit abzukürzen ist. Die Einrichtzeit ist nun abhängig von zahlreichen Nebenumständen, hauptsächlich aber von der Größe der Werkstücke und der Genauigkeit der auszuführenden Arbeit. Nachfolgende Übersicht gibt ungefähr ein Bild, wie sich die jeweilige Fertigungsart und der Fertigungszweig zu der Einrichtzeit verhalten:

Massenfertigung	Alle Teile	Keine Einrichtzeiten
Reihenfertigung	Kleinere ungenaue Teile	Geringe Einrichtzeiten
	Kleinere genaue Teile	Große Einrichtzeiten
	Größere ungenaue Teile	Sehr große Einrichtzeiten
	Größere genaue Teile	

B. Verringerung der Einrichtzeiten durch Reihenaufstellung der Vorrichtungen.

15. Reihenaufstellung von Vorrichtungen. Oftmals wird es in der Reihenfertigung wegen zu großer Werkstückanhäufung oder zu großen Zinsverlustes durch lange Lagerung nicht möglich bzw. nicht nutzbringend sein, die Stückzahlen soweit zu erhöhen, daß durch die Vorrichtungen auch tatsächlich Ersparnisse in genügendem Maße erzielt werden können. Abhilfe kann dann nur dadurch geschaffen werden, daß man das Einrichten und alle damit verbundenen Nebenarbeiten nach Möglichkeit entweder ganz beseitigt oder zum mindesten wesentlich vereinfacht. Ganz beseitigen kann man an einigen Maschinenarten das jedesmalige Einrichten dadurch, daß man gleichzeitig eine ganze Reihe von Vorrichtungen für die verschiedensten Zwecke an einer Maschine festaufstellt und dort dauernd als einen Teil der Maschine stehen läßt. Eine derartige Reihenaufstellung ist besonders gut möglich an Radialbohrmaschinen. Man kann dann ohne jeglichen Zeitverlust für das Auswechseln und Neueinrichten der Vorrichtungen die Arbeit beliebig innerhalb der Vorrichtungsreihe wechseln. Die sich ergebenden Vorteile dieser Reihenaufstellung sind ganz bedeutend und werden darum zusammenfassend nochmals hervorgehoben: die Stückzahlen sind für die Wirtschaftlichkeit der Vorrichtungen ganz bedeutungslos geworden, denn man kann auch ein einzelnes Werkstück genau so billig herstellen wie ein Stück einer großen Reihe. Man kann also jederzeit auch Einzelteile, wie sie bisweilen für Ersatzlieferungen erforderlich werden, sofort bohren lassen, ohne daß der Betrieb aufgehalten wird und Mehrkosten entstehen, wie es sonst der Fall wäre. Die Frage der Aufbewahrung und Pflege der Vorrichtungen ist in einfachster und billigster Weise gelöst: der Arbeiter kann ebenso wie für die stetige Betriebsbereitschaft seiner Maschine, auch für die seiner Vorrichtungen verantwortlich gemacht werden, denn sie gehören jetzt mit zu der Maschine.

Diese Reihenaufstellung der Vorrichtungen bedingt nun aber, daß man sie schon bei der Konstruktion der Vorrichtungen plante und dementsprechend auch die Arbeitsgänge unterteilte. Das zeigt sich besonders deutlich an dem nachfolgenden Beispiel einer Vorrichtungsreihe.

16. Mehrfachbohrspannvorrichtung als Vorrichtungsreihe. Abb. 54 zeigt eine Verbindung von vier verschiedenen Standbohrspannvorrichtungen zu einer Vorrichtungsreihe, die zum Bohren von vier verschiedenartigen Werkstücken (Schubstangen) dient. Sie ist an einer Radialbohrmaschine so aufgestellt worden, daß der Bohrtisch ohne weiteres auch für beliebige andere Arbeiten benutzt werden kann. Auf diese Weise ist es in der Reihenfertigung ortsfester Motore ermöglicht worden, eine Maschine fortlaufend ohne Umbau einer Vorrichtung zu besetzen und somit die Einrichtzeiten, die sonst für die erforderlichen schweren Vorrichtungen nicht unwesentlich gewesen wären, ganz zu beseitigen.

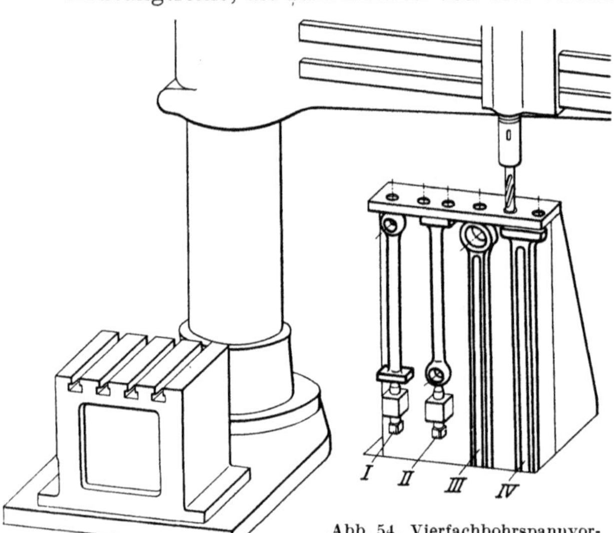

Abb. 54. Vierfachbohrspannvorrichtung als Vorrichtungsreihe.

Die Konstruktion einer derartigen Vorrichtung für mehrere verschiedenartige Werkstücke, so daß alle noch im Bereich der Bohrmaschine liegen, ist natürlich nur dann möglich oder überhaupt zweckmäßig, wenn die Werkstücke wie in diesem Falle eine langgestreckte Form haben.

17. Vorrichtungsreihe am drehbaren Tisch. Sperrige Werkstücke, für die eine Vorrichtungsreihe der vorigen Art nicht in Frage kommt, können, falls sie sich ihrer Form und Bearbeitungsart nach dafür eignen, in Standbohrspannvorrichtungen gebohrt werden, die sich an einem drehbaren Tisch als Vorrichtungsreihe anordnen lassen. Ein Beispiel dafür zeigt Abb. 55: An einem sechseckigen, für diesen Zweck besonders konstruierten drehbaren Tisch sind fünf verschiedenartige Standvorrichtungen (I—V) dauernd befestigt und befinden sich somit in dauernder

Betriebsbereitschaft. Die jeweils zu benutzende Vorrichtung wird durch Drehen des Tisches schnell in Arbeitsstellung gebracht.

18. Kreisförmige Vorrichtungsreihe. Eine kreisförmige Anordnung der Vorrichtungen für durchweg schwere Werkstücke (Motorständer) ist in Abb. 56 dargestellt. Drei Vorrichtungen sind rund um die Maschine herum auf besonderen Fundamenten fest aufgebaut. Der Bohrmaschinentisch ist auch wieder freigelassen worden, damit die Maschine bei Stockungen irgendwelcher Art oder falls sie durch die drei Vorrichtungen nicht vollbesetzt werden kann, auch für andere Arbeiten verwendbar ist. Voraussetzung für diese Art der Anordnung ist natürlich, daß sich die Maschine vollständig im Kreise herumschwenken läßt, wie es tatsächlich bei einigen bestbewährten Fabrikaten der Fall ist.

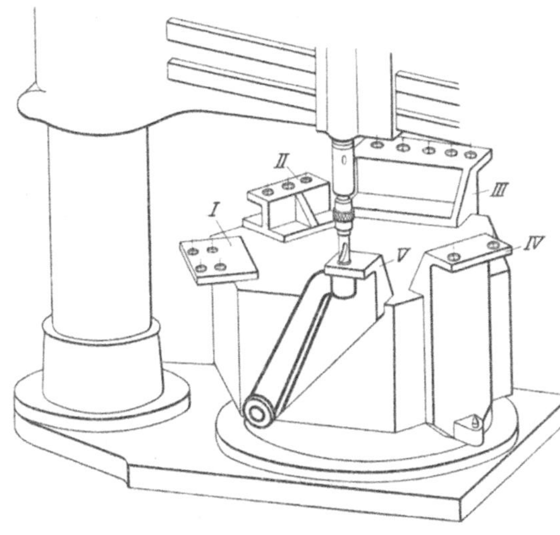

Abb. 55. Vorrichtungsreihe am drehbaren Tisch einer Radialbohrmaschine.

19. Gerade Vorrichtungsreihe. Ist es aus irgendeinem Grunde, z. B. wegen der Krananlage, nicht möglich, die Vorrichtungen im Kreise aufzustellen, so besteht noch die Möglichkeit, sie geradlinig, wie in Abb. 57 anzuordnen. Das ist jedoch bereits mit nicht unerheblichen Kosten verknüpft, denn die Bohrmaschine muß auf eine lange Grundplatte, ähnlich einem Drehbankbett, gestellt werden, auf der sie durch motorische Kraft an die jeweils zu benutzende Vorrichtung herangefahren werden kann. Eine Wirtschaftlichkeitsberechnung muß dieser Anordnung daher selbstverständlich vorausgehen.

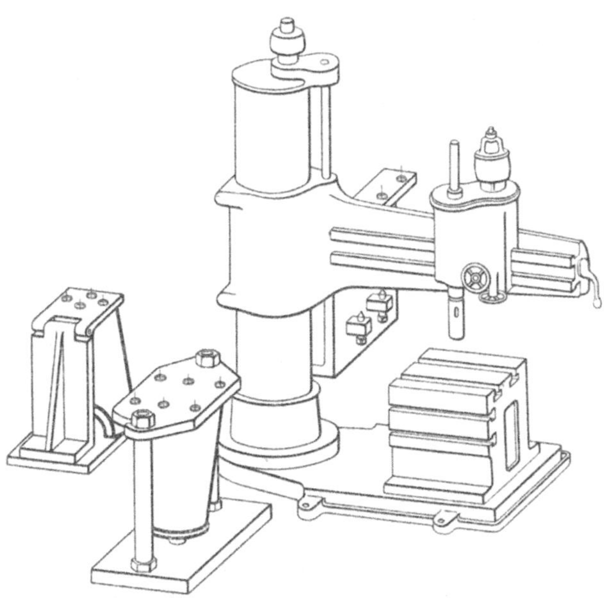

Abb. 56. Kreisförmige Vorrichtungsreihe an einer Radialbohrmaschine.

20. Vorrichtungsreihen auf anderen Maschinenarten. Für das Anordnen von Vorrichtungsreihen eignen sich noch Waagerechtbohr- und Fräswerke mit schwenkbaren Tischen. Da sich jedoch kaum mehr als zwei Vorrichtung en gleichzeitig aufspannen lassen werden, ohne daß sie sich gegen seitig im Betriebe behindern, so wird man nur in seltenen Fällen mit entschiedenem Vorteil davon Gebrauch machen können. Ein Beispiel zeigt Abb. 58: Auf einem Waagerechtbohrwerk ist eine Doppel-Bohrspannvorrichtung für zwei ver-

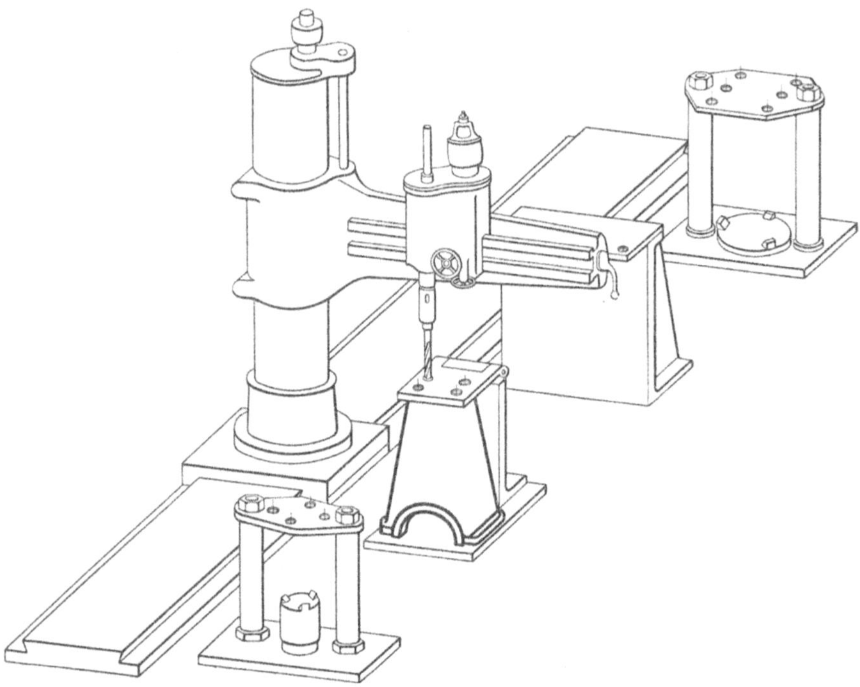

Abb. 57. Gerade Vorrichtungsreihe an einer Radialbohrmaschine.

schieden große Motorlagerstühle aufgebaut. Durch Drehen des Tisches um 180° kann jede der Vorrichtungen sofort in Betrieb genommen werden.

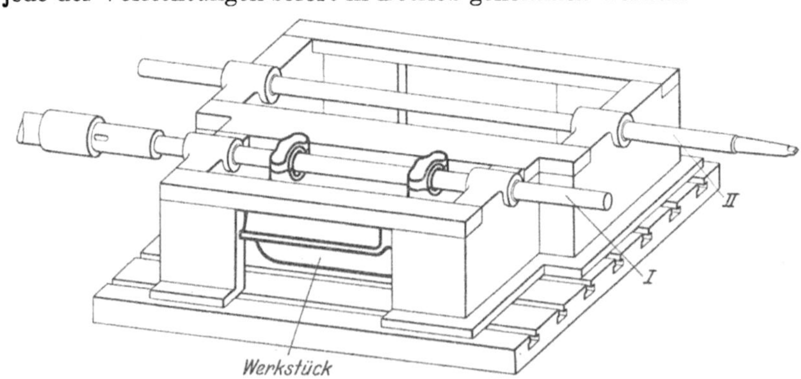

Abb. 58. Doppelbohrspannvorrichtung für zwei verschiedene Werkstücke auf einem Waagerechtbohrwerk.

C. Wirtschaftliche Richtlinien für das Aufstellen einzelner Vorrichtungen.

Reine Spannvorrichtungen für die Rundbearbeitung lassen sich überhaupt nicht und für die Langbearbeitung nur selten mit Vorteil mehrfach in Reihen anordnen, so daß in der Reihenfertigung noch genug mit dem Übelstand des Auswechselns der Vorrichtungen gekämpft werden muß. Jedoch kann man auch hier, wie im Nachfolgenden gezeigt wird, durch planmäßiges Vorgehen die Unkosten erheblich vermindern. Schon allein dadurch kann viel Zeit gespart werden, daß man alle Verbindungen zwischen Maschine und Vorrichtung so praktisch durchbildet, daß das Umwechseln einer Vorrichtung in der Hinsicht nicht mehr Zeit beansprucht, als unbedingt erforderlich ist. Eine Vorrichtung verliert viel an Wert, wenn sie nur schlecht und behelfsmäßig aufzuspannen ist.

21. Festspannen der Vorrichtungen. Alle Vorrichtungen, die man häufig umwechseln, also an- und abbauen muß, werden zu dem Zweck mit Schlitzen (Abb. 59) versehen, die weit praktischer sind, als gewöhnliche Schraubenlöcher, denn man kann die Befestigungsschrauben, ohne die Muttern ganz abschrauben zu müssen, seitlich hineinschieben. Man erspart auch das Herüberheben über die Schrauben, das sonst erforderlich und bei schweren Vorrichtungen lästig wäre.

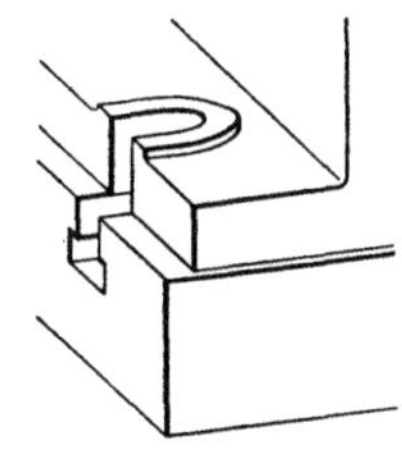

Abb. 59. Offener Schraubenschlitz für Vorrichtungsbefestigung.

Ist beim Ausrichten der Vorrichtung nur die Richtung gegenüber dem Werkzeug zu bestimmen, so erreicht man das durch Nutensteine, die in die Nuten der Maschinentische passen. Oft ist aber auch eine bestimmte Entfernung zum Werkzeug festzulegen, was, wie später noch ausgeführt werden wird, nicht immer ganz einfach und daher zeitraubend ist. Um nun das jedesmalige Neuausrichten zu ersparen, muß die Lage der Vorrichtung nach dem erstmaligen Ausrichten auf dem Maschinentisch in irgendeiner Weise kenntlich gemacht werden. Oft genügen schon Markenrisse auf der Fußplatte der Vorrichtung und auf dem Maschinentisch. Besser und zuverlässiger ist es jedoch in jedem Falle, wenn die richtige Lage durch Paßstifte gesichert wird. Um nun nicht den Tisch anbohren zu müssen, ist folgendes Verfahren zu empfehlen: der Maschinentisch wird mit einer besonderen, genügend starken Zwischenplatte versehen, mit der er dauernd fest verbunden bleibt. Auf dieser Platte kann nun jede einzelne Vorrichtung, sofern es erforderlich ist, durch Paßstifte in der einmal genau ausgerichteten Lage gesichert werden. Auch können für jede Vorrichtung die Befestigungsschraubenlöcher an beliebiger Stelle gebohrt werden.

22. Ausrichten der Vorrichtungen auf Waagerechtbohr- und Fräswerken. Besondere Schwierigkeiten macht hierbei in der Regel das Ausfluchten der Bohrstange bzw. der Bohrspindel auf die Werkzeugführungen oder auch umgekehrt: das Ausfluchten der in der Vorrichtung geführten Bohrstange auf die Bohrspindel. Schon verhältnismäßig geringe Fehler, die dabei gemacht werden, können unzulässige Fehler bei der Bearbeitung ergeben, deren eigentliche Ursachen meistens immer zuerst wo anders gesucht werden. Das Ausfluchten ist für gewöhnlich eine sehr zeitraubende Arbeit; werden aber besondere Maßnahmen getroffen, so kann man die Ausrichtzeiten ganz wesentlich verkürzen, bei manchen Vorrichtungen soweit, daß sie kaum noch ins Gewicht fallen. Muß die Maschine bei der gleichen Vorrichtung abwechselnd auf mehrere Führungen ausgefluchtet werden, so ist es sehr praktisch, nachdem die Maschine auf eine Führung ausgefluchtet ist, eine Einrichtung mit Zeigerwerk auf der Tischführung anzubringen, so daß man Sonderendmaße einlegen, und die einzelnen Stellungen schnell und genau einstellen kann. Eine derartige Einrichtung ist in Abb. 60 und 61 dargestellt. Im Nachfolgenden wird auf das Ausfluchten selbst noch etwas näher eingegangen.

a) Ausfluchten auf einfache Werkzeugführung (Abb. 62). Die Bohrspindel wird mit einem genau geschliffenen Meßdorn versehen und mit einer Meßuhr auf schlagfreies Laufen nachgeprüft. Mit einer auf dem Dorn verschiebbaren, schlagfrei geschliffenen Buchse kann man nun sehr feinfühlig die Bohrbuchsenöffnung unter langsamer Verstellung der Vorrichtung bzw. der Maschine so lange abtasten, bis sie sich leicht in die durchmessergleiche Führungsbuchse der Vorrichtung

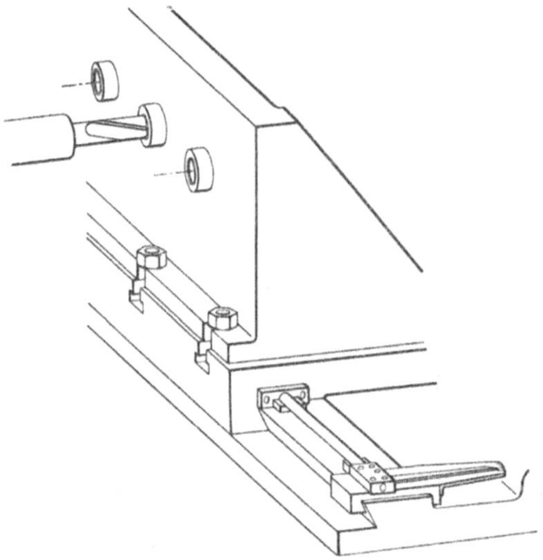

Abb. 60. Verstellung eines Bohrwerkstisches auf die Lochabstände der Bohrspannvorrichtung mit Hilfe von Sonderendmaßen und einem Zeigerwerk.

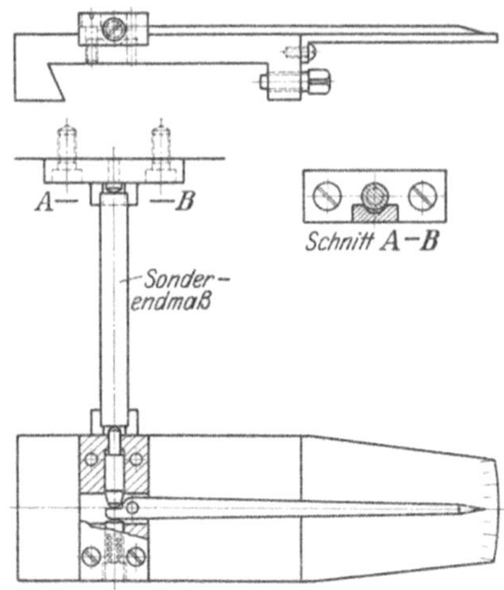

Abb. 61. Zeigerwerk mit Einrichtung zum Einlegen der Endmaße für das Verfahren Abb. 60.

hineinschieben läßt. An Stelle besonderer Einstellbuchsen können natürlich auch Führungswechselbuchsen, falls solche an der Vorrichtung vorhanden sind, verwendet werden. Die Vorrichtung mit den Werkzeugen selbst, wie Spiralbohrer, Senker usw. auszufluchten, ist immer ungenügend und führt, wenn schon nicht immer zu unzulässigen Bearbeitungsfehlern, so doch jedenfalls immer zu einem frühzeitigen Verschleiß von Maschine, Werkzeug und Vorrichtung.

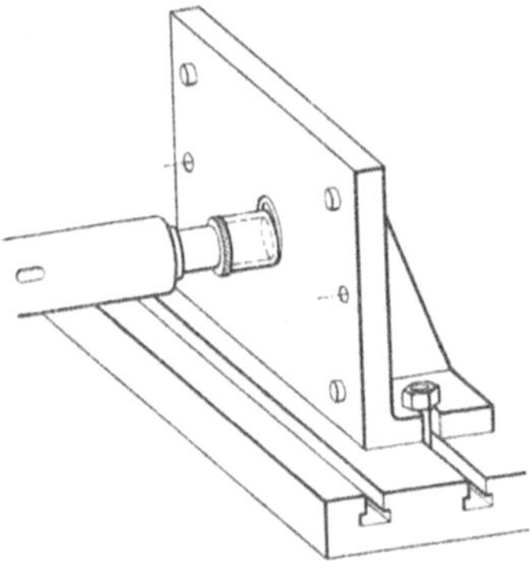

Abb. 62. Ausfluchten der Bohrspindel auf die Werkzeugführung einer Bohrspannvorrichtung mit Hilfe einer Buchse.

b) Ausfluchten auf doppelte Werkzeugführung. Vorrichtungen mit doppelter Werkzeugführung so genau auszufluchten, wie es die auszuführende Arbeit erfordert, ist oft kaum möglich. Es ist auch für einen Werkzeugmacher schwierig, beide Führungsbuchsen bzw. die in ihnen gelagerte Bohrstange in die richtige Lage zur Bohrspindel zu bringen. Ungenaues Fluchten verursacht hierbei aber die verschiedenartigsten Bearbeitungsfehler, wie unrunde, krumme und kegelige Bohrungen, die sich besonders bei langen Bohrungen bemerkbar machen. Zu erklären sind diese Fehler, wie in Abb. 63 darzustellen versucht ist, durch zwangsweises Durchfedern der Bohrstange.

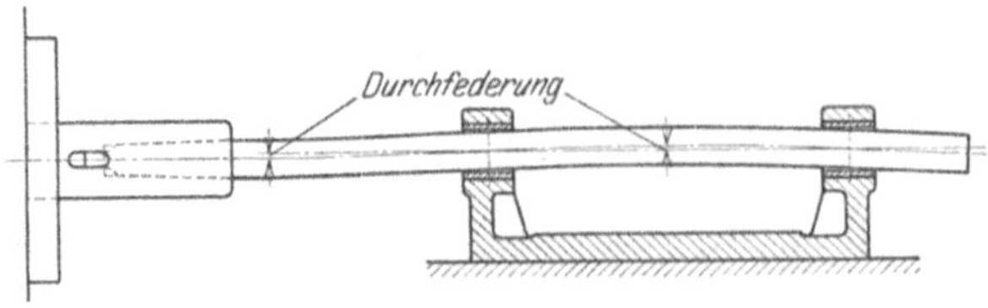

Abb. 63. Darstellung der Durchfederung einer doppelt geführten Bohrstange bei ungenauem Fluchten mit der Bohrspindel.

Für das genaue Ausfluchten der Vorrichtung hat sich das in Abb. 64 dargestellte Verfahren bewährt. Es wird eine genau gearbeitete Zwischenkegelhülse benutzt, die man im Innenkegel der Bohrspindel wegen des Fehlens des Mitnehmerlappens anreiben kann. Durch einseitiges Tragen kann man feststellen, ob und in welcher Richtung die Vorrichtung auf dem Maschinentisch noch verändert werden muß. Dieses Verfahren ist aber noch recht zeitraubend und kann nur verantwortet werden, wenn es nur verhältnismäßig selten wiederholt werden muß.

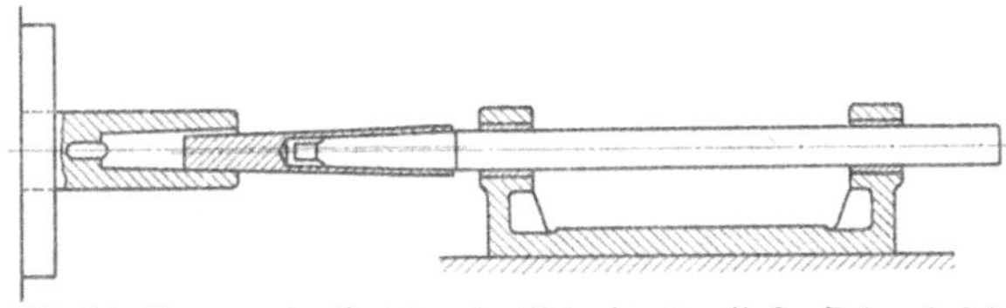

Abb. 64. Genaues Ausfluchten der Bohrstange mit der Bohrspindel durch Anreiben mit einer Sonderkegelhülse.

Andernfalls empfiehlt es sich eher, die Bohrstange nicht durch den üblichen Morsekegel starr mit der Bohrspindel zu verbinden, sondern durch eine nachgiebige Ausgleichskupplung (Abb. 65). Auch gröbere Fehler beim Ausfluchten sind dann völlig belanglos, sofern die Fehler noch innerhalb der Beweglichkeitsgrenzen der Kupplung liegen.

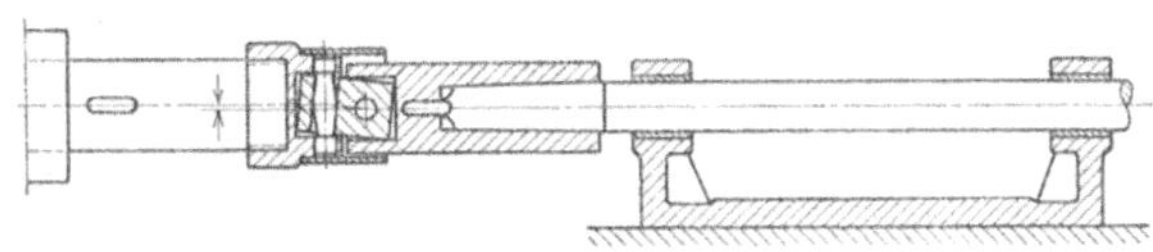

Abb. 65. Richtige Verbindung doppelt geführter Bohrstangen mit der Bohrspindel durch Ausgleichskupplung.

Richtige Konstruktion der Kupplung ist natürlich Voraussetzung für ein einwandfreies Arbeiten. Wenn sie, wie es häufig geschieht, ähnlich wie in Abb. 66 u. 67, ausgebildet werden, so ist nur ein unvollständiger Ausgleich möglich. In der Drehstellung Abb. 66 ist der Ausgleich wohl möglich, denn die Bohrstange kann um die notwendige Entfernung nachgeben, wird also nicht durchzufedern brauchen. Um 90° verdreht (Abb. 67) ist der Ausgleich aber nicht mehr möglich: die Bohrstange kann nicht die natürliche Lage einnehmen, sondern sie wird zur Durchfederung gezwungen. Welcher Art und wie groß die Bearbeitungsfehler bei dieser unvollständigen Ausgleichskupplung

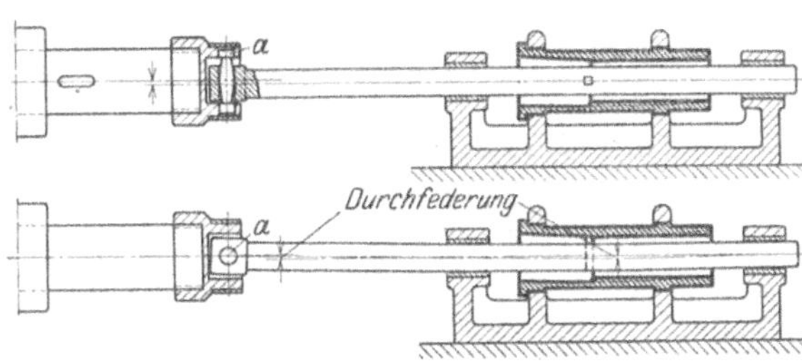

Abb. 66 u. 67. Schlechte Verbindung doppelt geführter Bohrstangen mit der Bohrspindel durch unvollkommene Ausgleichskupplung.

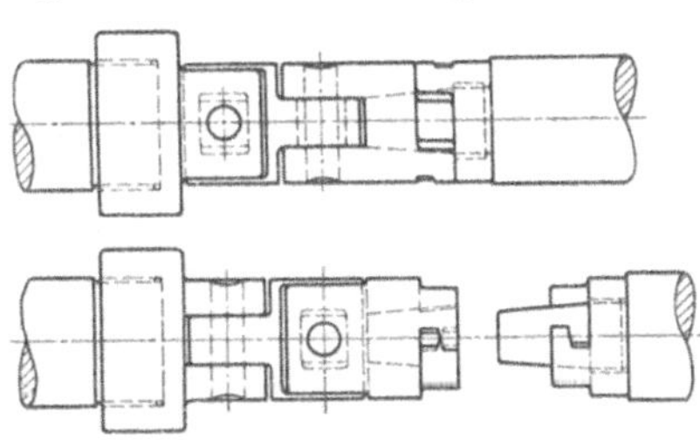

Abb. 68. Konstruktion einer guten Ausgleichskupplung mit Bajonettverschluß für die Bohrstange.

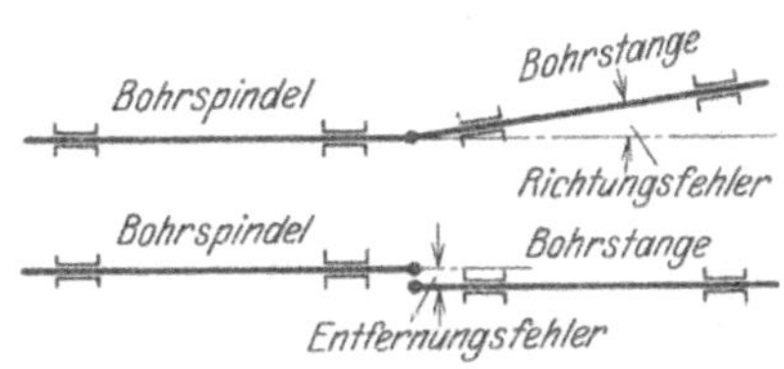

Abb. 69 u. 70. Darstellung des Begriffes für Richtungs- und Entfernungsfehler.

sind, hängt nun davon ab, welche Richtung der Schneidstahl zu dem Kupplungsbolzen *a* hat. Die in Abb. 66 u. 67 gezeigte Anordnung (um 90° zueinander versetzt) ist die ungünstigste, denn sie muß eine gekrümmte Bohrung ergeben, wie in den Darstellungen übertrieben angedeutet. Wird der Schneidstahl jedoch in gleicher Richtung wie der Kupplungsbolzen angeordnet, so werden auch bei dieser Kupplung die Bearbeitungsfehler schon sehr gering sein. Sie zeigen sich besonders nach der Mitte zu als unrunde Bohrung und sind je nach dem Grad der Durchfederung entweder kaum noch ausmeßbar und daher belanglos oder aber auch schon so groß, daß sie nicht mehr zugelassen werden können. Da nun in jedem Falle durch das Durchfedern der Bohrstange die Führungen sehr bald beschädigt werden (die Stange macht sich gewaltsam Luft), so ist immer eine Kupplung mit vollständigem Ausgleich zu empfehlen. Eine bestens bewährte Konstruktion zeigt Abb. 68. Die Vorrichtung kann hierbei sowohl mit Richtungsfehlern (Abb. 69) als auch mit Entfernungsfehlern (Abb. 70) aufgebaut sein.

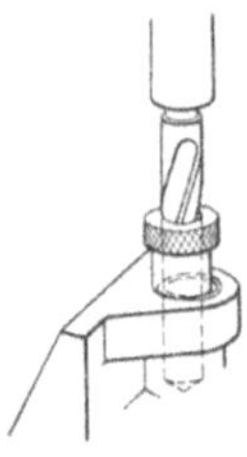

Abb. 71.

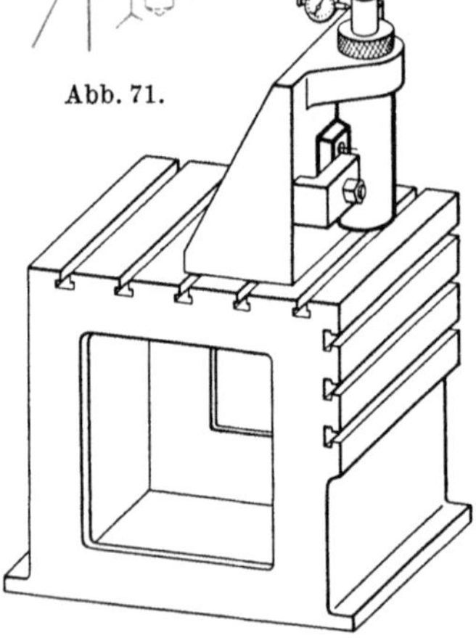

Abb. 72.
Ausfluchten der Bohrmaschinenspindel auf die Werkzeugführung einer Standbohrspannvorrichtung durch Buchse oder Meßuhr und Dorn.

23. Aufstellen der Vorrichtungen auf Ständerbohrmaschinen. Das Aufstellen der Bohrspannvorrichtungen auf Ständerbohrmaschinen ähnlich wie bei den Waagerechtbohrwerken kommt natürlich nur bei schweren Standvorrichtungen in Frage und ist wegen der senkrechten Lage der Bohrspindel verhältnismäßig einfach. Man kann wie in Abb. 71 verfahren oder auch mit einer an der Bohrspindel befestigten Meßuhr die Vorrichtung wie in Abb. 72 ausrichten. Bei kleinen Vorrichtungen erübrigt sich selbstverständlich ein derartiges Ausrichten, denn der Bohrer holt sich die Vorrichtung selbsttätig hin.

III. Das Arbeiten mit den Vorrichtungen.

Auch mit sehr zweckmäßig durchgebildeten Vorrichtungen kann so unpraktisch und fehlerhaft gearbeitet werden, daß weder die für die Austauschfähigkeit erforderliche Genauigkeit, noch eine den Herstellungspreis der Vorrichtungen rechtfertigende Verbilligung erreicht wird. Das wird besonders dann der Fall sein, wenn eine Werkstatt für eine neuartige Fabrikation neu eingerichtet wird und sowohl Arbeiter wie Aufsichtspersonal für das Arbeiten mit Vorrichtungen nicht genug geschult sind. Die vollkommene wirtschaftliche Ausnutzung der Vorrichtungen kann auch dadurch gefährdet werden, daß die Vorwerkstätten wie Gießerei und Schmiede den Erfordernissen für eine Bearbeitung in Vorrichtungen nicht genug Verständnis und Interesse entgegenbringen und ihrerseits die etwa erforderlich werdenden Versuche und Änderungen unterlassen. Es ist daher notwendig, daß vom Vorrichtungsbau alle Vorrichtungen mindestens solange beobachtet werden, bis ihre wirtschaftliche Ausnutzung gewährleistet ist und alle betreffenden Stellen mit den Feinheiten und Schwächen der Vorrichtungen vertraut sind. Selbstverständlich werden sich da und dort auch noch Änderungen und Verbesserungen als notwendig erweisen, sowie die Herstellung von Hilfsvorrichtungen für die praktische Handhabung von Werkstücken und Werkzeugen. Im Nachfolgenden sollen einige Richtlinien und praktische Winke dafür gegeben werden, wie sowohl Genauigkeit als auch Schnelligkeit beim Arbeiten mit Vorrichtungen in befriedigendem Maße erreicht werden können.

A. Allgemeine grundsätzliche Richtlinien.

Bevor die Vorrichtungen in Betrieb gesetzt, oder überhaupt Werkstücke in Vorrichtungen bearbeitet werden, sind zunächst die folgenden grundsätzlichen Richtlinien zu beachten:

24. Vorkontrolle und Vorbereitung der Werkstücke für die Bearbeitung in Vorrichtungen. Nach den im ersten Teil gegebenen Richtlinien soll durch die Verwendung von Vorrichtungen zunächst das zeitraubende Vorreißen erspart werden. Das Vorreißen war aber früher gleichzeitig eine Kontrolle für die Brauchbarkeit der Rohlinge, ob Schmiede- oder Gußstücke. Diese Kontrolle darf nun keineswegs fortfallen, sonst sind spätere Bearbeitungsfehler und Schönheitsfehler großen Umfanges unvermeidlich, die dann in der Regel ganz unberechtigterweise den Vorrichtungen zugeschoben werden. Gesenkschmiedestücke müssen vor der ersten Arbeitsstufe auf Richtung, Stärke und äußere Formen geprüft werden. Nicht einwandfreie Stücke sind zur Vorwerkstatt zurückzuweisen, die ihrerseits Vorkehrungen treffen muß, um solche Fehler in Zukunft zu vermeiden. Gußstücke sind auf Kern- und Lochwarzenverlagerungen und auf äußere Formen an denjenigen Stellen nachzuprüfen, an denen sie in der Vorrichtung durch die Organe zum Zentrieren und Bestimmen aufgenommen werden. Durch Verwendung einfacher Formlehren aus Blech kann diese Kontrolle sehr vereinfacht und beschleunigt werden. Zeigen sich an den Aufnahmestellen größere Fehler, so ist die Gießerei auf diese besonders aufmerksam zu machen, damit sie entsprechende Änderungen beim Einformen trifft; gegebenenfalls werden auch Modelländerungen vorgenommen werden müssen. Geringe Oberflächenfehler und Unsauberkeiten müssen sorgfältig verputzt werden. Kleinere Preß- und Gußstücke kann man häufig auch dadurch schnell und einwandfrei kontrollieren, daß man sie in die Vorrichtung für die erste Arbeitsstufe hineinlegt, wobei man ihre Brauchbarkeit an der richtigen Bearbeitungszugabe bzw. dem richtigen Sitz der Lochwarzen erkennen kann. Kleinere Preßteile und schmiedebare Gußteile kann man auch in besonderen Gesenken unter Spindel- und Exzenterpressen scharf nachpressen, wodurch Schönheitsfehler bei der Bearbeitung vermieden werden können. Für Stanzteile wendet man auch das Durchzugverfahren zum egalisieren der Werkstücke an.

25. Auswahl und Kontrolle der Maschinen. Beim Arbeiten mit reinen Spannvorrichtungen werden in der Regel keine höheren Anforderungen bezüglich der Genauigkeit an die Maschinen gestellt als beim Arbeiten ohne Vorrichtungen. Eine besondere Kontrolle wird daher durch die Vorrichtungen nicht bedingt. Im Gegensatz dazu wird beim Arbeiten mit Bohrspannvorrichtungen oft jedoch eine höhere Genauigkeit von den Maschinen verlangt, als es sonst im allgemeinen bei freien Bohrarbeiten üblich ist. Das liegt daran, daß der Verwendungsbereich der Bohrmaschinen eben durch die Vorrichtungen beträchtlich erweitert und auch auf solche Arbeiten ausgedehnt wird, die sonst genau genug nur auf Drehbänken und Waagerechtbohrwerken hergestellt werden können. Das sind hauptsächlich lange, genau richtungsbestimmte Paßlöcher, oder solche, die in mehreren Wandungen sitzen und genau miteinander fluchten müssen. Bei solchen Arbeiten wird es sich häufig zeigen, daß nicht jede Bohrmaschine, sofern sie nur der Größenordnung nach genügt, brauchbar ist, und daß trotz einwandfrei hergestellter Vorrichtung keine brauchbare Arbeit geliefert werden kann, wenn die Maschine nicht nach besonderen Gesichtspunkten ausgewählt bzw. geprüft wurde. Man darf nun jedoch nicht glauben, daß in jedem Falle, wenn mit Vorrichtungen genaue Bohrarbeiten hergestellt werden sollen, eine entsprechend genaue Bohrmaschine verwendet werden muß. Das ist nicht so, im Gegenteil: es können sehr genaue Arbeiten auch auf den ausgearbeitetsten Maschinen hergestellt werden, es kommt nur auf die Art der Vorrichtung an, die entweder an allen maßgebenden Teilen der Maschine größte Genauigkeit bedingt, oder die von der Maschine ganz unabhängig ist und der die Maschine lediglich nur als Kraftquelle dient. Grundsätzlich müssen also für Bohrvorrichtungsarbeiten die Bohrmaschinen unter Berücksichtigung der Vorrichtungsart ausgewählt und erforderlichenfalls auf Genauigkeit geprüft werden. Demnach ist als Vorbedingung eine genaue Kenntnis der Vorrichtungsarten erforderlich, die sich in dieser Hinsicht wie folgt unterscheiden:

1. Vorrichtungen mit einfachen Werkzeugführungen, mit denen nur die Entfernungen der Löcher voneinander bestimmt werden und die zur genauen Richtungsbestimmung der Löcher eine entsprechend genaue Maschine erfordern, die eine genaue Richtung der Löcher verbürgt.

2. Vorrichtungen mit doppelten Werkzeugführungen (s. 1. Teil, Abschnitt 92), mit denen allein die Löcher sowohl entfernungs- als auch richtungsbestimmt werden und die bezüglich der Genauigkeit von der Bohrmaschine (die dann nur als Kraftquelle dient) ganz unabhängig sind.

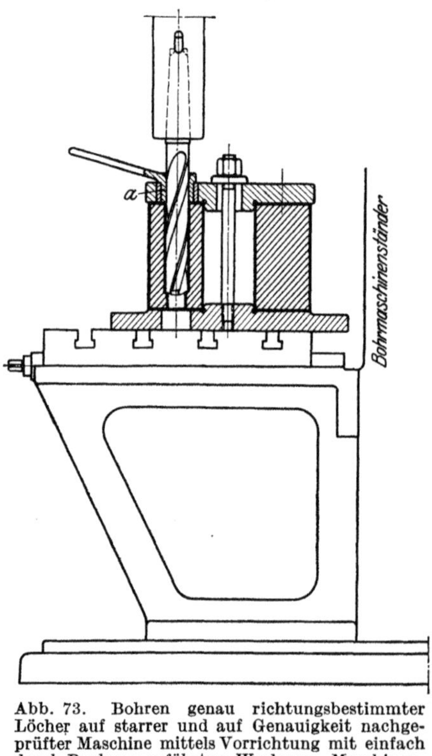

Abb. 73. Bohren genau richtungsbestimmter Löcher auf starrer und auf Genauigkeit nachgeprüfter Maschine mittels Vorrichtung mit einfach durch Buchse *a* geführtem Werkzeug. Maschinenspindel und Werkzeug sind durch starren Morsekegel verbunden.

Abb. 73 zeigt eine Vorrichtung der ersten Art. Das Bohrwerkzeug, ein Senker, ist nur in der kurzen Buchse *a* geführt. Das herzustellende Loch muß genau senkrecht zur Aufspannfläche des Werkstückes liegen. Die Bohrmaschinenspindel, von der allein also die Richtung des zu bohrenden Loches abhängt, muß genau senkrecht zum Tisch der Maschine stehen und sowohl Spindel wie Tisch dürfen durch den auftretenden Druck beim Bohren nicht abgebogen werden. Zu verwenden ist daher eine starre Ständerbohrmaschine (Abb. 74), gut geeignet erscheint auch die Wesselmann-Bohrpresse (Abb. 75). Werkzeug und Maschinenspindel dürfen nicht durch das bekannte Schnellwechselfutter miteinander verbunden werden, das eine geringe Pendelwirkung besitzt und geringe Abweichungen des Werkzeuges aus der genauen Richtung zuläßt, sondern nur durch den starren Morsekegel. Die senkrechte Lage der Maschinenspindel zum Tisch ist vor Beginn der Arbeit zu prüfen, etwa wie es in Abb. 76 dargestellt ist: mit einer an der Bohrspindel befestigten Meßuhr wird der Tisch im Kreise herum abgeschlagen. Selbstverständlich muß die Spindel einwandfrei gelagert sein. Ungeeignet für diese Art Vorrichtungen sind hauptsächlich die Radialbohrmaschinen, deren Schwenkarme sich im Betriebe durch den Bohrdruck nach oben federnd abdrücken (am Ende des Schwenkarmes kann man bisweilen mehrere Millimeter Durchfederung feststellen). Die Richtung der Bohrspindel zum Maschinentisch verändert sich natürlich auch dementsprechend. Man kann diese Maschinen jedoch, wie im nächsten Abschnitt gezeigt wird, sehr gut versteifen. Ferner sind auch leicht gebaute Säulenbohrmaschinen ganz ungeeignet, besonders solche mit freischwingendem Tisch. Wie in Abb. 77 u. 78 etwas übertrieben dargestellt, federn solche Tische im Betriebe mehr oder

Abb. 74. Starre Ständerbohrmaschine.

Abb. 75. Wesselmann-Bohrpresse.

weniger unter dem Bohrdruck nach unten weg. Da auch der Ständer solcher Maschinen oben etwas nach hinten durchfedert (Abb. 79), so werden sich auch

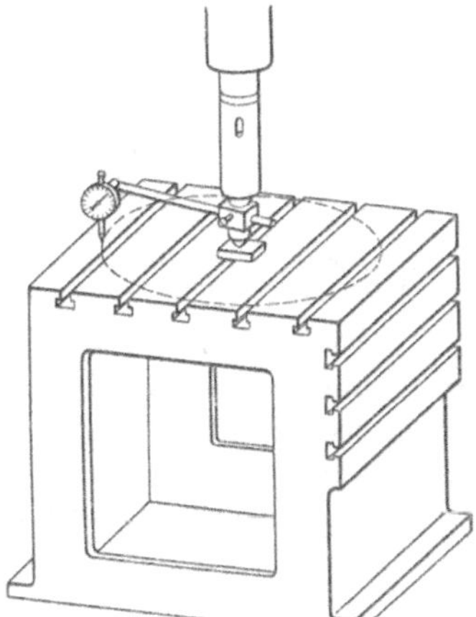

Abb. 76. Prüfung der genau senkrechten Lage der Bohrmaschinenspindel zum Maschinentisch durch Meßuhr.

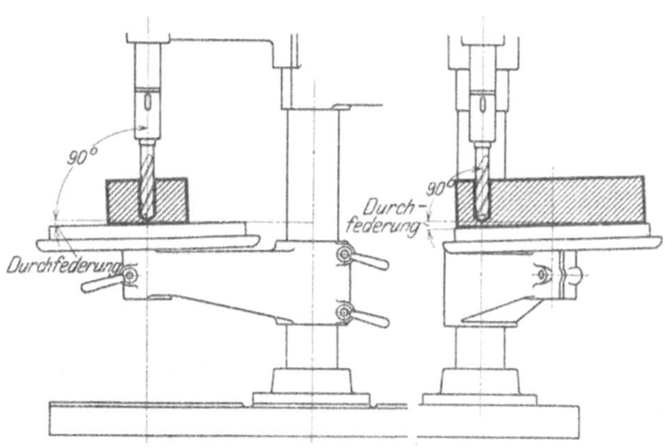

Abb. 77 u. 78. Darstellung der Durchfederung von freischwingenden Bohrmaschinentischen durch den Bohrdruck.

dann noch Richtungsfehler beim Bohren ergeben, wenn man den freischwingenden Tisch genügend abstützt oder durch einen, auf der Grundplatte aufliegenden starren Tisch ersetzt.

Abb. 80 und 81 sind Vorrichtungen der zweiten Art. In Abb. 80 ist das Bohrwerkzeug, ein Stufensenker, oberhalb des Werkstückes in Buchse *a* und unterhalb in Buchse *b* geführt. Die Vorrichtung gewährleistet die genaueste senkrechte Richtung zur Achse des Werkstückes, eines Motorkolbens. Die Bohrmaschine kann beliebiger Konstruktion sein. Das Werkzeug darf jedoch nicht durch den starren Morsekegel mit der Maschinenspindel verbunden werden, sondern muß mehr oder weniger pendeln. Wird eine starre Maschine verwendet, so genügt, wie in der Abbildung ersichtlich, bereits das weniger starre Schnellwechselfutter, das übrigens für diese Zwecke auch besonders pendelnd ausgeführt wird. In Abb. 81 wird das Werkzeug zwar nur oberhalb des Werkstükkes, einer Schubstange, in den beiden Buchsen *a* und *b* geführt; diese sind aber so weit voneinander angeordnet, daß hier ebenfalls eine genaue Bohrrichtung allein durch die Vorrichtung verbürgt wird, und jede beliebige Maschine ohne besondere Prüfung verwendet werden kann, sofern sie den allgemeinen Anforderungen entspricht. Wird eine Maschine mit freischwingendem Tisch benutzt, wie es die Abb. 81 erkennen läßt, so muß eine gute Ausgleichskupplung verwendet werden, etwa wie sie Abb. 68 zeigt.

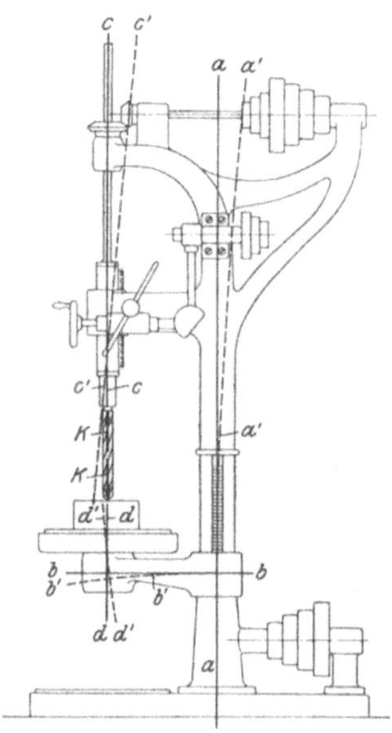

Abb. 79. Stark elastische Säulenbohrmaschine.

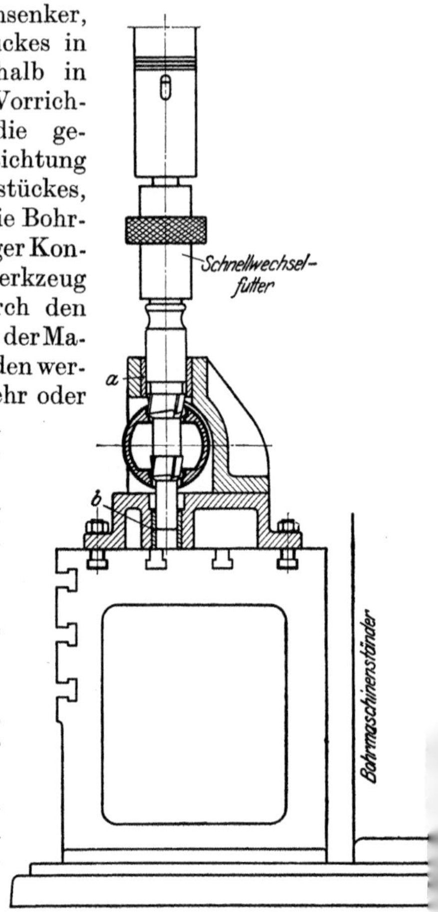

Abb. 80. Bohren genau richtungsbestimmter Löcher auf starrer, aber nicht auf Genauigkeit nachgeprüfter Maschine mittels Vorrichtung mit doppelt, in den Buchsen *a* und *b* geführtem Werkzeug. Maschinenspindel und Werkzeug sind durch das etwas pendelnd wirkende Schnellwechselfutter miteinander verbunden.

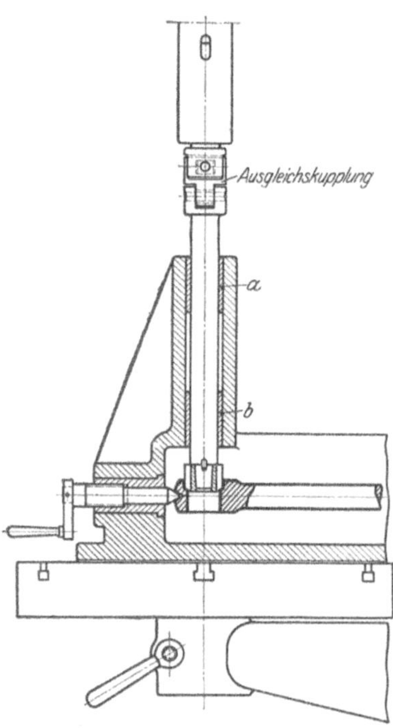

Abb. 81. Bohren genau richtungsbestimmter Löcher auf stark elastischer Säulenbohrmaschine mittels Vorrichtung mit gerade, in den Buchsen *a* und *b* geführtem Werkzeug. Maschinenspindel u. Werkzeug sind durch Ausgleichskupplung miteinander verbunden.

Werden beim Arbeiten mit Vorrichtungen der zweiten Art die Werkzeuge mit der Bohrspindel falscherweise starr verbunden, so ist das meistens ein schwerer Fehler und ein schneller Verschleiß der Werkzeuge und der Vorrichtung eine unausbleibliche Folge; es sei denn, daß eine starre, genau geprüfte Maschine zur Verfügung steht.

Für das Bohren untergeordneter Löcher, wie Schrauben- und Nietlöcher, werden selbstverständlich niemals Vorrichtungen der zweiten Art hergestellt werden, da diese Löcher nicht genau richtungsbestimmt zu sein brauchen. Darum erübrigt sich für solche Bohrarbeiten eine besondere Auswahl und Kontrolle der Maschinen von selbst.

26. Versteifung elastischer Bohrmaschinen. Stehen einem Betriebe im Bedarfsfalle keine geeigneten starren Bohrmaschinen zur Verfügung, so kann man vorhandene elastischere Maschinen gegebenenfalls durch behelfsmäßige Einrichtungen mit mehr oder weniger Erfolg versteifen. Einen sehr guten Erfolg mit einfachen Mitteln erzielt man bei Radialbohrmaschinen, die man mit einem besonderen Stützbock sehr starr machen kann. Abb. 82 zeigt das Bohren von zwei genau richtungsbestimmten Löchern auf einer derart abgesteiften Radialbohrmaschine und mit einer Vorrichtung, die eine starre Maschine erfordert. Auf der Grundplatte *a* ist der Stützbock *b* befestigt, mit dem oben der Schwenkarm *c* der Maschine fest verschraubt ist. Für die Aufnahme der Befestigungsschraube ist bei b_1 eine T-Nut vorgesehen, so daß man den Arm ohne weiteres auch in anderen Höhenlagen befestigen kann. Beim Verschrauben des Stützbockes mit dem Schwenkarm ist jedoch sorglich darauf zu achten, daß der Arm infolge schlechter Anlage nicht verspannt wird. Die Anlagefläche am Stützbock ist also genauestens abzurichten.

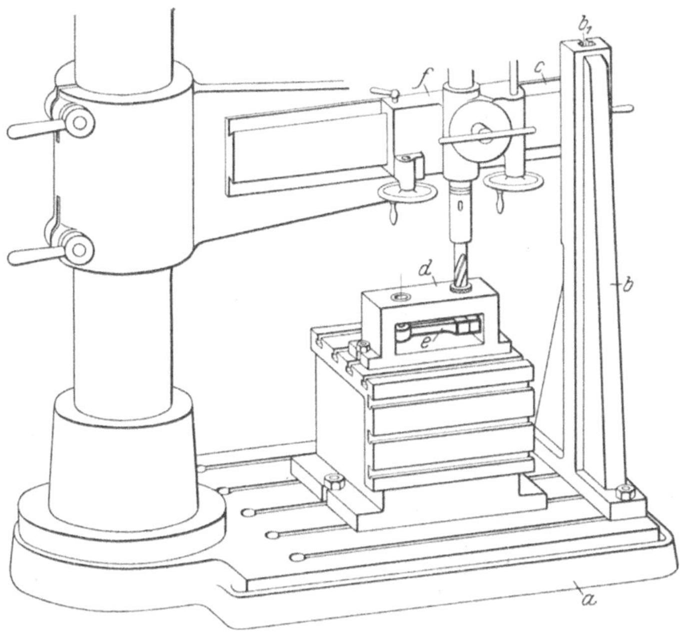

Abb. 82. Zum Bohren genau richtungsbestimmter Löcher abgesteifte Radialbohrmaschine.

In der Abb. 82 ist ferner *d* die Vorrichtung und *e* das zu bohrende Werkstück, eine Schubstange, deren Lagerlöcher bekanntlich sehr genau parallel zueinander liegen müssen. Für das Prüfen der Maschine auf die Richtung zum Maschinentisch kommt es darauf an, wie mit der Maschine bzw. der Vorrichtung gearbeitet wird. Man kann nämlich entweder die Vorrichtung als Standvorrichtung mit dem Tisch fest verbinden und in dieser Stellung unverändert lassen und den Spindelschlitten *f* von Loch zu Loch verfahren, oder auch umgekehrt den Spindelschlitten dauernd feststellen und die Vorrichtung von Loch zu Loch verschieben. Wird das erste Verfahren angewendet, so muß die Richtung der Spindel in beiden Endstellungen des Schlittens nachgeprüft werden, da es sehr leicht möglich ist, daß sie in beiden Stellungen verschieden ist. Durch Nachschaben der Schlittenführung kann die Abweichung dann aber beseitigt werden. Sehr wichtig ist bei diesem Verfahren auch das richtige Ausfluchten der Werkzeuge auf die Führungsbuchsen der Vorrichtung, für das das Verfahren nach Abb. 72 (S. 34) geeignet ist. In den beiden

Endstellungen des Schlittens, die durch Anschläge festzulegen sind, müssen beim Bohren natürlich die Klemmschrauben festgezogen werden.

27. Fehler beim Aufspannen der Vorrichtungen und beim Spannen selbst. Beim Aufspannen der reinen Spannvorrichtungen auf dem Maschinentisch muß bisweilen der Verlauf der Schnitt- und Spannkräfte zueinander beachtet werden, der maßgebend sein kann für die richtige Arbeitsleistung der Maschine. Bei manchen Vorrichtungen wird es wegen der Form der Werkstücke nicht zu vermeiden sein, daß sowohl diese, wie auch die Vorrichtungen unter dem Schnittdruck etwas ausweichen (durchfedern). Diese Durchfederung kann für die Leistung der Maschine sehr nachteilig sein, wenn nämlich die Schnittkräfte in falscher Richtung verlaufen, während sie bei umgekehrter Richtung der Kräfte durchaus belanglos oder sogar nützlich zur Erzielung einer sauberen Arbeit sein kann. An einem einfachen charakteristischem Beispiel, einer Spannvorrichtung zum Hobeln, soll das näher erläutert werden. In Abb. 83 ist die Vorrichtung so aufgespannt, daß der Schnitt-

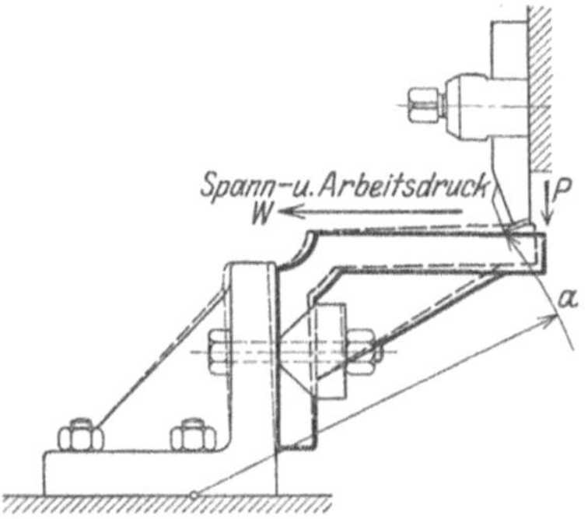

Abb. 83. Falsche Hobelrichtung an einer Spannvorrichtung (Schnittkräfte unmittelbar von der Spannvorrichtung aufgenommen).

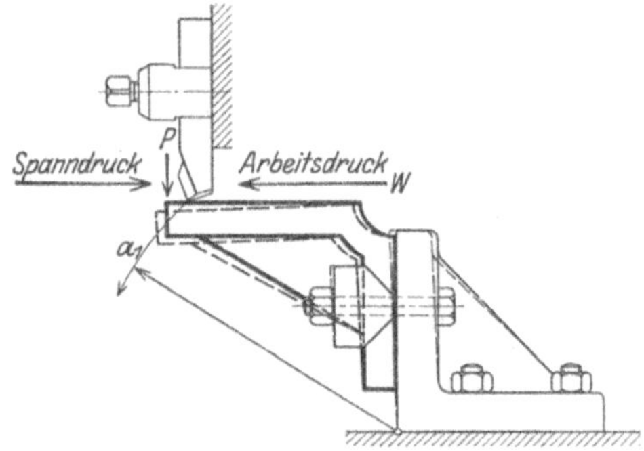

Abb. 84. Richtige Hobelrichtung an einer Spannvorrichtung (Schnittkräfte von den Spannschrauben aufgenommen).

druck gegen die Aufspannfläche der Vorrichtung gerichtet ist. Das ist in diesem Falle aus folgenden Gründen falsch: unter dem Schnittdruck W federn sowohl Werkstück wie Vorrichtung in Richtung des Kreisbogens a nach oben durch, wie es die gestrichelte Linie andeutet. Dadurch nähert sich das Werkstück so dem Schneidstahl, daß dieser fortgesetzt einhaken muß, was sich durch große Erschütterungen der Maschine bemerkbar macht. Außerdem wird die Arbeitsfläche dadurch auch recht unsauber. Die gleichfalls auftretende weit schwächere Teilkraft P kann das Hochfedern keinesfalls verhindern. In Abb. 84 ist die Vorrichtung in umgekehrter Richtung aufgespannt. Das ist richtig, denn die Erschütterungen der Maschine werden bei der gleichen Schnittleistung sofort aufhören. Zu erklären ist es damit, daß das Werkstück unter dem Schnittdruck in Richtung des Kreisbogens a_1 wegfedert und sich von dem Schneidstahl entfernt, der dadurch schleppend und ruhig arbeitet. Die Durchfederung ist natürlich nur sehr gering, beim letzten Schlichtspan kaum noch ausmeßbar und daher belanglos für die Genauigkeit. Beim Fräsen verhält es sich ähnlich.

Beim Einspannen der Werkstücke selbst können endlich auch noch dadurch Fehler gemacht werden, daß die Spannelemente überbeansprucht und somit die Werkstücke verspannt werden, wie es tatsächlich auch manchmal geschieht. Das ist darauf zurückzuführen, daß die Arbeiter mit den Funktionen der Sonderspannvorrichtungen nicht vertraut sind und ebensolche Kräfte anwenden, wie beim Spannen mit behelfsmäßigen und Gemeinspannmitteln. Um solche Fehler zu vermeiden, muß darauf geachtet werden, daß keine anderen Spannschlüssel oder gar Verlängerungen beim Spannen verwendet werden als sie für die Vorrichtung vorgesehen sind.

B. Praktische Winke für wirtschaftliches Arbeiten mit Bohrspannvorrichtungen.

Die Kippbohrspannvorrichtungen gehören z. T. zu den weniger praktischen Vorrichtungen, denn ihre Bedienung erfordert einen weit höheren Grad von Aufmerksamkeit und Überlegung als für andere Vorrichtungen. Es können sehr leicht Fehler gemacht werden, die bei den Standbohrspannvorrichtungen unmöglich sind. Das liegt an der unvermeidlichen Beweglichkeit der Vorrichtungen. Von der Größe und von dem Gewicht, auch von der Eignung der Maschine hängt es ab, bis zu welchem Grade man Fehler vermeiden oder verkleinern und den Betrieb praktischer gestalten kann.

28. Arbeiten mit kleinen Bohrspannvorrichtungen an mehreren Spindeln. Sofern ganz allgemein beim Bohren mit Vorrichtungen mit mehreren verschiedenartigen Werkzeugen gearbeitet werden muß, entstehen durch den fortwährenden Werkzeugwechsel zeitraubende Nebenarbeiten. Durch Verwendung von Schnellwechselfuttern lassen sie sich bekanntlich abkürzen. Sind jedoch an einem Werkstück durchweg nur kleinere Löcher zu bohren, von denen jedes nur wenige Sekunden erfordert, so ist jeder Wechsel von Werkzeugen, auch wenn er nur wenig Zeit beansprucht, unwirtschaftlich. Noch unwirtschaftlicher ist es, wenn außerdem auch noch die Umdrehungen der Maschinenspindel und endlich auch noch die Tischhöhe bzw. die Spindelhöhe verändert werden müssen. Die reinen Bohrzeiten stehen zu den Nebenzeiten dann in einem ungünstigen Verhältnis. Solche Bohrarbeiten führt man am wirtschaftlichsten auf mehrspindligen Schnellbohrmaschinen aus, die besonders für solche Zwecke in den Handel gebracht werden. Für jeden Arbeitsgang bzw. für jedes Werkzeug muß eine Spindel zur Verfügung stehen, die man unabhängig von den anderen auf die richtige Umdrehungszahl und Arbeitshöhe einstellen kann. Wenn die Spindelzahl der Maschinen nicht ausreicht, so kann man auch mehrere Maschinen aneinanderstellen und ihre Verwendungsmöglichkeit somit fast unbegrenzt erhöhen. Dieses Arbeitsverfahren bietet auch noch einen anderen Vorteil: sofern zu einer Bohrung Wechselbuchsen erforderlich sind, so kann man das Auswechseln von Hand ersparen, indem man die Buchsen durch besondere Halter an den Maschinenspindeln anbringt (s. 1. Teil, Abb. 172). Ein Beispiel dafür ist in Abb. 85 dargestellt. An dem in der Vorrichtung a eingespannten Werkstück (viermal in verschiedenen

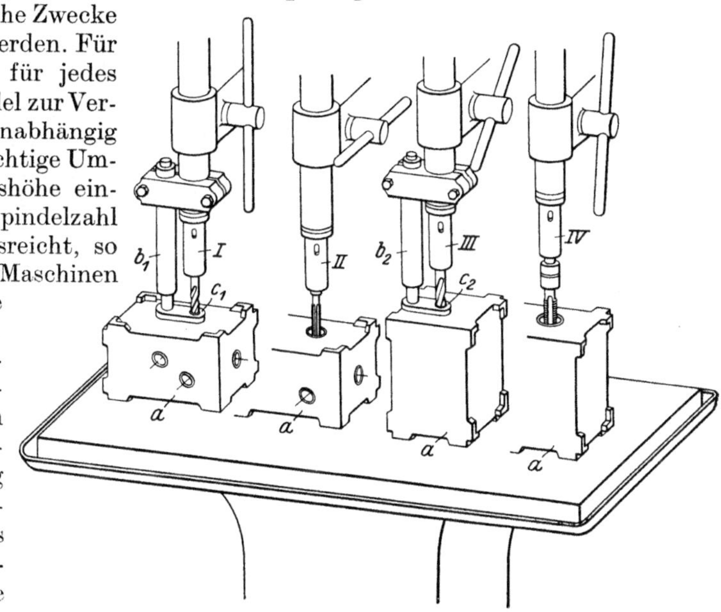

Abb. 85. Darstellung des Arbeitens mit einer Kippvorrichtung an einer Mehrspindelbohrmaschine mit Bohrbuchsenhaltern.

Stellungen dargestellt) sind vier verschiedene Arbeitsstufen vorzunehmen. Die vier dazu erforderlichen Werkzeuge, zwei Spiralbohrer, eine Reibahle und ein Gewindebohrer sind in den Spindeln I bis IV untergebracht. An den Spindeln I und III sind die Bohrbuchsenhalter b_1 und b_2 mit den Bohrbuchsen c_1 und c_2 befestigt. Gearbeitet wird wie folgt: unter Spindel I werden zunächst alle gleich großen Löcher gebohrt. Nach einer Verschiebung der Vorrichtung unter die Spindel II werden die Löcher gerieben. Unter Spindel III wird ein Gewindekernloch gebohrt und unter der Spindel IV Gewinde geschnitten.

29. Arbeiten mit schwereren Kippvorrichtungen. Kleinere Kippvorrichtungen werden beim Bohren ohne weiteres von Hand festgehalten; sie können sich daher selbsttätig zum Werkzeug einfluchten. Anders verhält es sich mit den schwereren Kippvorrichtungen. Sind damit verhältnismäßig große Löcher zu bohren, aufzureiben oder mit Gewinde zu versehen, so wird das Drehmoment so groß, daß die Vorrichtung auf irgendeine Art festgehalten werden muß, um Unfälle und Werkzeugbrüche zu vermeiden. Die Vorrichtungen werden nun auf die verschiedensten Arten festgehalten, oft aber so unzweckmäßig, daß Bearbeitungsfehler entstehen und zuviel Zeit benötigt wird. Abb. 86 zeigt zunächst, wie eine Vorrichtung nur

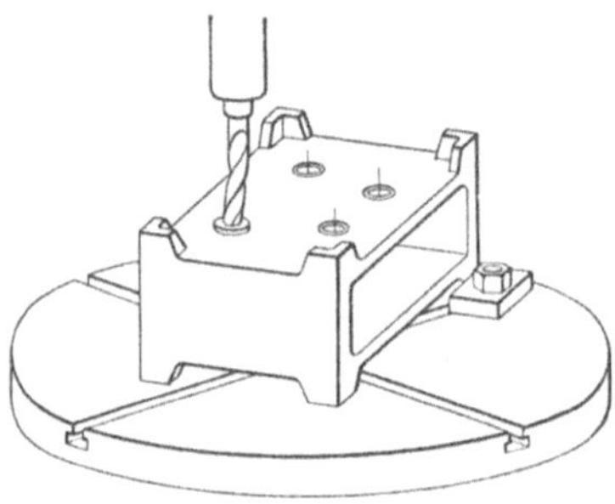

Abb. 86. Falsch festgehaltene Kippvorrichtung beim Bohren.

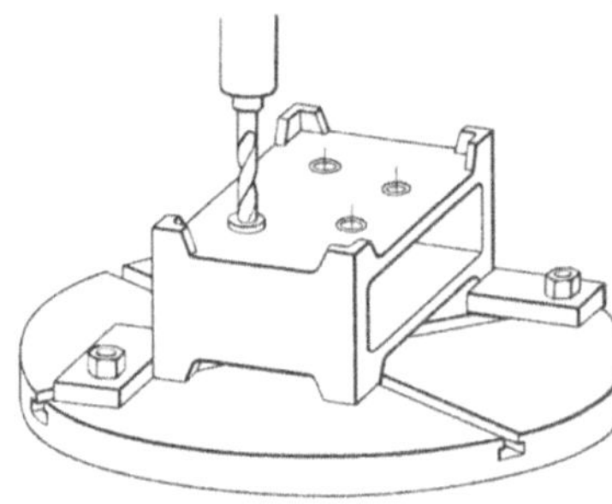

Abb. 87. Richtig aber unpraktisch festgehaltene Kippvorrichtung beim Bohren.

durch einen Anschlag festgehalten wird. Das ist falsch, denn es entsteht dann ein Seitendruck, der den Bohrer, wie in der Abb. übertrieben dargestellt ist, wegbiegt. Das Loch wird schief trotz einwandfreier Vorrichtung und gerader Tischauflage. Außerdem kann der Bohrer brechen. Die Vorrichtungen werden darum recht gerne auf diese Art festgehalten, weil es einfach ist, da der Anschlag in jedem Falle paßt und daher nicht besonders eingestellt werden muß. Richtig aber unpraktisch werden die Vorrichtungen festgehalten, wenn, wie in Abb. 87 zwei Anschläge gegen

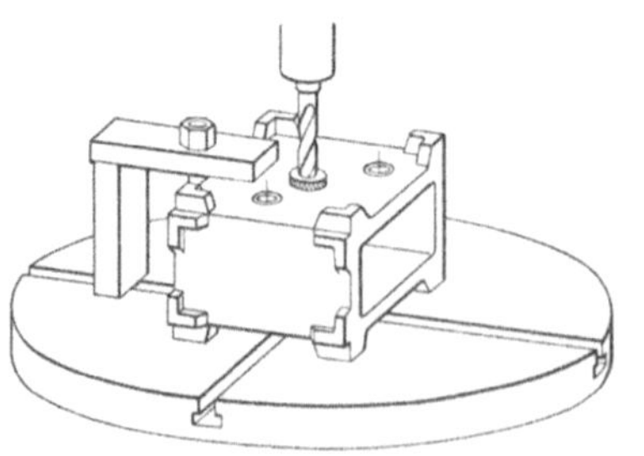

Abb. 88. Schlecht festgehaltene Kippvorrichtung beim Bohren.

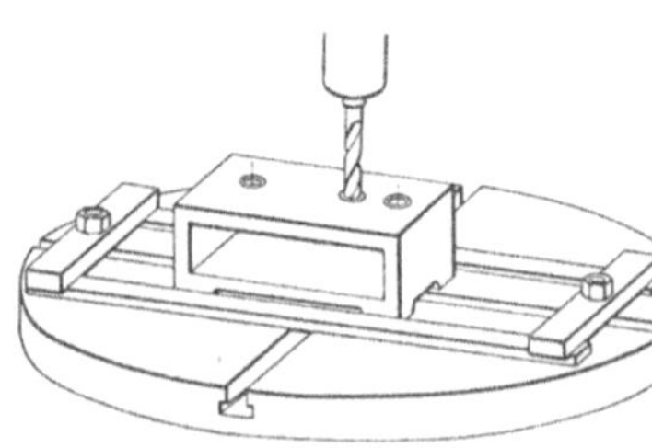

Abb. 89. Praktisches Festhalten einer Vorrichtung durch zwei auf den Maschinen aufgespannte Schienen.

zwei Ecken der Vorrichtungen gespannt werden. Auf den Bohrer wirkende Seitenkräfte können nicht mehr auftreten. Unpraktisch ist es aber darum, weil bei jedem einzelnem Loch die Anschläge neu eingestellt werden müssen, sofern eine Säulen-

oder Ständerbohrmaschine Verwendung findet. Unpraktisch und nicht ganz einwandfrei ist es auch, die Vorrichtungen wie in Abb. 88 durch Spanneisen und Schrauben festzuspannen, denn es dauert ebenfalls zu lange, außerdem kann auch die Vorrichtung durchgespannt werden. Praktischer und einwandfreier ist es bereits, die Vorrichtung wie in Abb. 89 festzuhalten. Das kann jedoch nur bei wenigen ganz bestimmten Arten von Vorrichtungen geschehen, wenn, wie im Beispiel, die zu bohrenden Löcher von einer Vorrichtungskante gleichweit entfernt sind. Die Vorrichtung wird zwischen zwei fest aufgespannten Schienen hin und her geschoben. Sind Löcher auf gerader Linie jedoch in ungleichen Abständen von den Vorrichtungskanten zu bohren, so

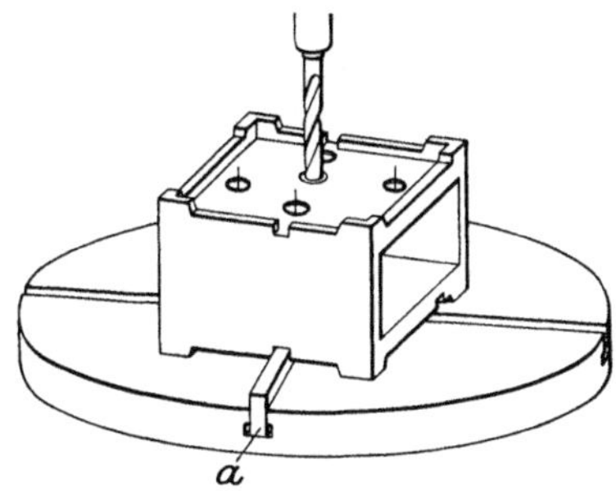

Abb. 90. Praktisches Festhalten einer Kippvorrichtung durch eine Führungsschiene.

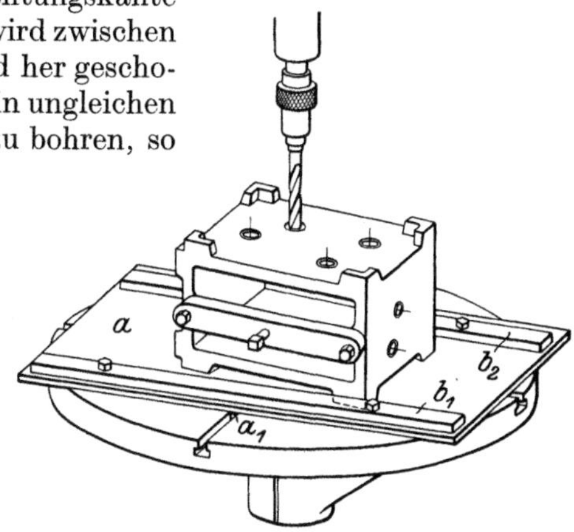

Abb. 91. Praktisches Festhalten einer Kippvorrichtung durch eine geradlinig auf dem Maschinentisch geführte Zwischenplatte.

kann man wie in Abb. 90 verfahren: eine *T*-Nut des Tisches ist mit der Führungsleiste *a* und der Vorrichtungskörper selbst mit dazu passenden Nuten versehen, die sich genau mit den gegenüberliegenden Lochreihen decken. Durch Verschieben der Vorrichtung auf der Führungsleiste kann man die Vorrichtung in jede gewünschte Arbeitsstellung bringen mit der Gewähr, daß Werkzeug und Werkzeugführung genau miteinander fluchten. Dieses einfache Verfahren ist natürlich auch nicht überall anwendbar, besonders dann nicht, wenn eine größere Anzahl Löcher zu nahe beieinanderliegen, um Führungsnuten einarbeiten zu können. Für solche Fälle eignet sich das Verfahren nach Abb. 91. Dazu ist eine Hilfsvorrichtung erforderlich. Sie besteht aus der Platte *a* mit der Führungsleiste a_1 und den beiden Anschlagleisten b_1 und b_2. Zwischen diesen Leisten kann die Vorrichtung nicht nur in der gezeichneten, sondern auch in beliebiger anderer Wendestellung verschoben werden. Es ist dabei nicht erforderlich, daß die Vorrichtung in jeder Stellung den Zwischenraum zwischen den Leisten ausfüllt, sondern es genügt, wenn nur die Ecken anliegen. Die Auflagerechtecke der Vorrichtung können also verschiedener Breite sein. Dadurch nun, daß man Vorrichtung und Grundplatte der Hilfsvorrichtung in zwei verschiedenen Richtungen kreuzweise zueinander verschieben kann, ist es möglich, jede der einzelnen Bohrbuchsen schnell auf das Werkzeug einzufluchten.

Beim Bohren verhältnismäßig großer Löcher, besonders beim Aufreiben, wird bei der Aufwärtsbewegung des Werkzeuges das Werkstück zusammen mit der Vorrichtung angehoben. Das ist in zweifacher Hinsicht schädlich, denn einmal werden die Werkzeuge beschädigt und dann setzen sich Späne unter die Auflageflächen der Vorrichtung, die zuerst wieder beseitigt werden müssen, wenn noch weitere Löcher zu bohren sind. In solchen Fällen ist es erforderlich, daß die Vorrichtungen nicht nur gegen das Verdrehen, sondern auch gegen das Anheben gesichert werden. Man spannt sie dann meistens in der in Abb. 88 gezeigten ungeeigneten Weise fest.

Abb. 92 zeigt zunächst eine praktische Einrichtung zum Festhalten einer Vorrichtung mit der zwei oder mehr in gerader Reihe liegende Löcher zu bohren sind. Die auf dem Maschinentisch befestigte Grundplatte ist mitlängs mit einer T-Nut versehen, die bei a_1 soweit frei gearbeitet ist, daß man die Vorrichtung mit den daran vorgesehenen T-Knaggen b_1 und b_2 bzw. b_3 und b_4 in die Nut der Grundplatte hineinkanten und in die verschiedenen Arbeitsstellungen schieben kann. In diesen Stellungen kann die Vorrichtung durch das arbeitende Werkzeug weder verdreht noch angehoben werden. Wie ersichtlich, weicht die äußere Form der Kippvorrichtung von der sonst üblichen infolge der T-Knaggen etwas ab, was schon bei der Konstruktion der Vorrichtung zu berücksichtigen ist.

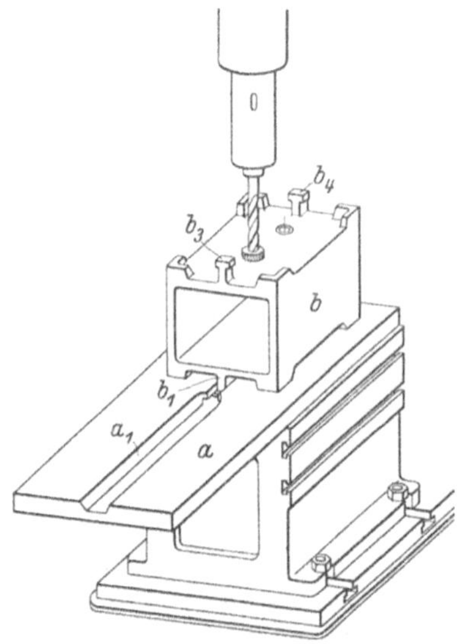

Abb. 92. Gegen Verdrehen und Anheben gesicherte Kippvorrichtung.

Obige Einrichtung ist nicht brauchbar für solche Kippvorrichtungen, mit denen unregelmäßig angeordnete Löcher in mehreren Reihen oder in verschiedenen Abständen von den Vorrichtungskanten gebohrt werden sollen. Dafür ist das in Abb. 93 dargestellte Verfahren geeignet, das dem bereits in Abb. 91 gezeigten ähnlich ist. Die Grundplatte a ist nur an Stelle einer einfachen Leiste mit einer T-Leiste a_1 versehen, die die Platte nicht nur gegen Verdrehen, sondern auch gegen Hochheben sichert. Die auf a befestigten Anschlagleisten b_1 und b_2 sind abgesetzt, so daß die mit Einschnitten versehenen Füße c_1 und c_2 der Vorrichtung oder die anderen entsprechenden Füße bei einer Verdrehung nach rechts unter die Leisten unterhaken und verhindern, daß die Vorrichtung angehoben wird. Die Einrichtung gestattet es natürlich, ebenso wie die in Abb. 91, jede Bohrbuchse schnell auf das Werkzeug einzufluchten, indem man die Vorrichtung zwischen den Leisten und die Vorrichtung zusammen mit der Grundplatte in der Kreuzrichtung auf dem Maschinentisch verschiebt. Hier ebenso wie bei allen anderen Verfahren nach Abb. 89 bis 93 sind Fehler beim Bohren durch ungenaues Ausfluchten kaum noch möglich, denn die Werkzeuge drücken die Vorrichtung mit geringer Unterstützung von Hand selbsttätig in die richtige Lage.

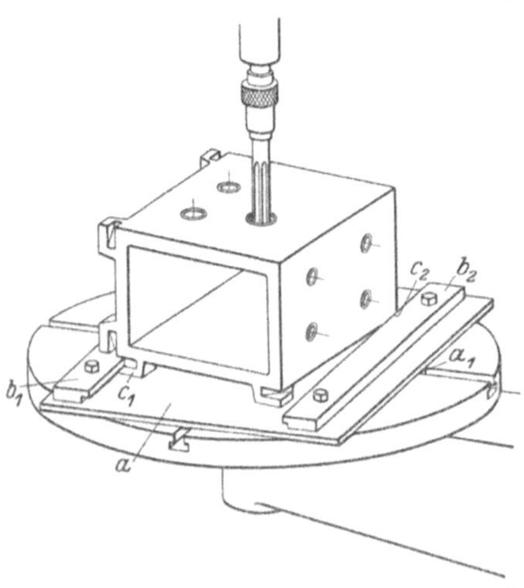

Abb. 93. Gegen Verdrehen und Anheben gesicherte Kippvorrichtung.

30. Arbeiten mit sperrigen Vorrichtungen auf Säulenbohrmaschinen. Beim Bohren auf Säulenbohrmaschinen mit freischwebendem Tisch können besonders dann Fehler gemacht werden, wenn die Vorrichtung so sperrig ist, daß sie den ganzen Maschinentisch bedeckt und dieser wie in Abb. 94 so weit herumgeschwenkt werden muß, daß der Bohrdruck auf eine Tischkante kommt. Wie durch Messungen beim Bohren leicht festgestellt werden kann, biegt sich dann der Tisch ganz erheblich, oft bis zu einigen Millimetern, durch, mit dem Ergebnis, daß die so gebohrten Löcher entsprechend schief werden. Um solche Fehler grundsätzlich zu vermeiden, muß wie in Abb. 95 verfahren werden: der Tisch wird durch einen Stützbock unterstützt und durch eine besondere Platte so vergrößert, daß man zum Bohren sämtlicher Löcher die Vorrichtung verschieben kann, ohne den Tisch aus seiner Normallage bringen zu müssen.

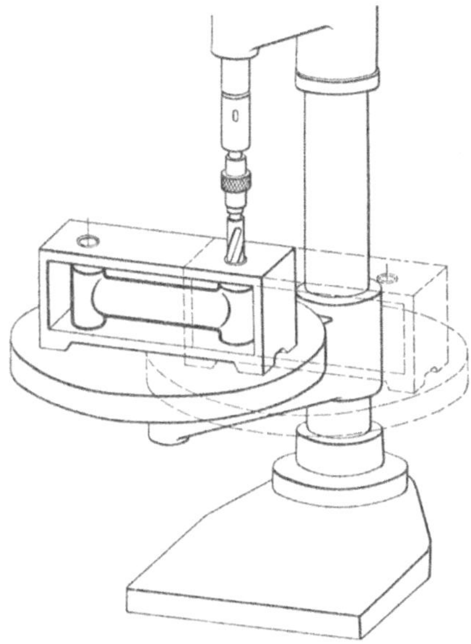

Abb. 94. Falsches Arbeiten mit einer Vorrichtung auf freischwingendem Tisch.

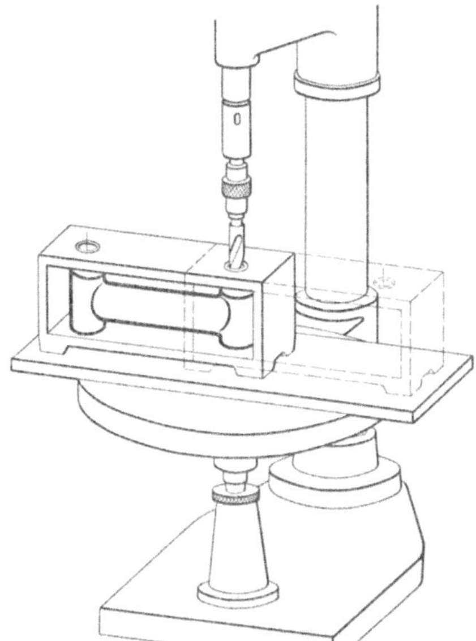

Abb. 95. Richtiges Arbeiten mit einer Vorrichtung auf freischwingendem Tisch.

31. Arbeiten mit einer Vorrichtung an mehreren Maschinen. Das Bohren von Werkstücken mit sehr verschieden großen Löchern unterteilt man, wenn es möglich ist, in zwei oder mehr Arbeitgänge mit besonderen Vorrichtungen. Oft läßt es sich aber aus irgendeinem Grunde nicht durchführen und man ist gezwungen, in einer Vorrichtung sowohl die großen als auch die kleinen Löcher zu bohren. Für diesen Zweck werden wohl mehrspindelige Maschinen hergestellt, die neben dem Antrieb für große Bohrer auch einen für kleine haben, so daß man ohne weiteres hintereinander die unterschiedlichen Löcher bohren kann. Steht jedoch solche Maschine nicht zur Verfügung, so kann man dasselbe erreichen, wenn man eine schwere Maschine und eine leichte Schnellbohrmaschine dicht nebeneinandersetzt. Beide Maschinen überbrückt man dann durch eine Gleit- oder Rollbahn, damit man die Vorrichtung schnell und leicht von einer Maschine zur anderen bewegen kann.

32. Bohren sehr langer Löcher in Vorrichtungen auf der Bohrmaschine. Beim Bohren ohne Vorrichtungen wird der Spindelhub der Bohrmaschine in der Regel ausreichend sein, um auch verhältnismäßig lange Löcher ohne Tischverstellung in einem Zuge bohren zu können. Beim Bohren mit Vorrichtungen ist das bisweilen jedoch nicht möglich, erstens, weil die Lochtiefe um die Bohrbuchsenlänge und den Zwischenraum zwischen Bohrbuchse und Werkstück vergrößert wird und zweitens, weil es durch Vorrichtungen überhaupt erst ermöglicht wird, längere Bohrungen auf der Bohrmaschine herzustellen, die man sonst nur auf Bohrwerken bohren kann. In solchen Fällen ist man gezwungen, bei jeder Bohrung den Tisch auf- und abwärts zu verstellen. Das bedeutet starke körperliche Mehrbelastung und Zeitverlust. Durch eine Preßlufteinrichtung kann dieser Übelstand beseitigt werden. Ein Beispiel für das Bohren eines Werkstückes, das einen sehr großen Spindelhub erfordert, unter Benutzung einer derartigen Preßluftverstellung zeigt Abb. 96.

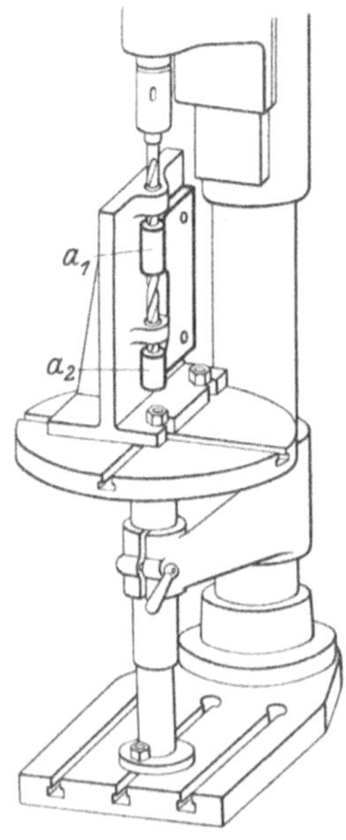

Abb. 96. Verstellung des Maschinentisches durch Preßluft für lange Bohrungen.

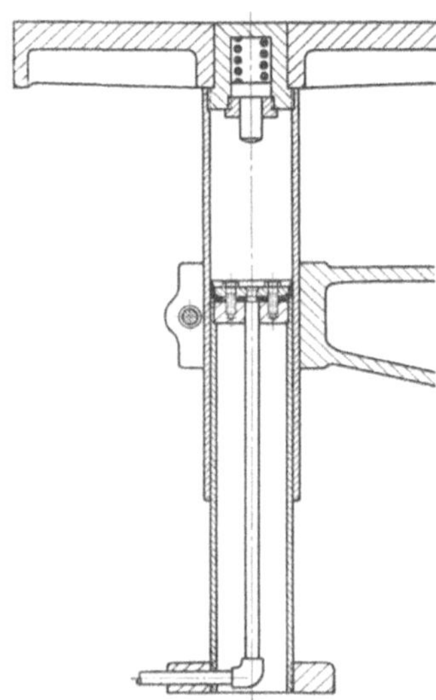
Abb. 97. Konstruktion des Preßluftauftriebes.

Mit einer Standbohrspannvorrichtung mit doppelter Werkzeugführung sollen die beiden Augen a_1 und a_2 eines Lagerbockes gebohrt werden. Das geschieht wie folgt: Das obere Auge wird wie üblich gebohrt. Sodann wird der Maschinentisch durch Preßluft ein bestimmtes Stück angehoben und das zweite Auge gebohrt. Abb. 97 zeigt einen Schnitt, der die Konstruktion der Hilfsvorrichtung erkennen läßt: Über das als Kolben ausgebildete starkwandige untere Rohr schiebt sich teleskopartig das in normalem Ausleger der Maschine geführte Rohr als Zylinder. Beim Bohren nicht zu großer Löcher wird die Kolbenfläche, die sich konstruktiv aus dem vorhandenen Maschinenausleger bestimmt, groß genug für die zu entwickelnde Auftriebskraft sein, die dem Bohrdruck standhält. Andernfalls kann der Tisch beim Bohren durch eine einfache Stütze abgesteift werden.

33. Beschleunigung des Werkzeugwechsels beim Arbeiten mit Bohrspannvorrichtungen. Ganz allgemein beansprucht das Auswechseln der Werkzeuge einen großen, wenn nicht den größten Teil der Gesamtnebenzeiten. Beim Arbeiten mit Bohrspannvorrichtungen wird oft eine so große Anzahl verschiedenartiger Werkzeuge gebraucht, daß bereits schon ganz geringe Erleichterung beim Auswechseln der einzelnen Werkzeuge merkliche Zeitersparnis bringen muß.

a) Erleichterungen beim Auswechseln kleinerer Werkzeuge. Die zum Betriebe einer Vorrichtung erforderlichen kleineren Werkzeuge werden in einem besonderen Ordnungskasten in die Werkstatt gegeben, den der Arbeiter möglichst in die Nähe seiner Arbeitsstelle hinstellt. Die dafür vorgesehenen Ablegetische sind meistens aber so unzweckmäßig, daß der Arbeiter beim jedesmaligen Werkzeugwechsel seinen Standort verändern muß. Man kann daher häufig beobachten, daß die Werkzeuge aus dem Kasten herausgenommen und neben die Vorrichtung auf den Maschinentisch gelegt werden. Zur Schonung der Werkzeuge darf das jedoch keinesfalls geduldet werden. Um nun einerseits zu verhindern, daß die Werkzeuge entgegen der Vorschrift blindlings durcheinander auf den Maschinentisch gelegt und beschädigt werden, andrerseits aber doch zu erreichen, daß der Werkzeugwechsel beschleunigt wird, ist es sehr zweckmäßig, an den Maschinen besondere Halter für die Werkzeugordnungskästen anzubringen, die es gestatten, die Kästen mit den Werkzeugen in griffbereite Nähe der Maschine und Vorrichtung zu bringen.

b) Erleichterungen beim Auswechseln schwerer unhandlicher Werkzeuge. Bei Bearbeitung schwerer Werkstücke mit Bohrspannvorrichtungen müssen häufig weit schwerere Werkzeuge ausgewechselt werden als es bei Bearbeitung der gleichen Werkstücke ohne Vorrichtungen erforderlich wäre. Das ist besonders der Fall bei der Herstellung langer abgestufter Bohrungen, wobei sich mit größtem Vorteil Vielstahlstangen verwenden lassen. Um eine Bohrung damit herstellen zu können,

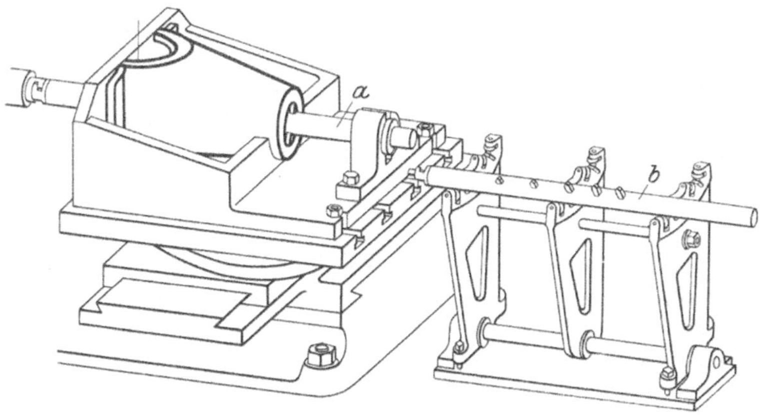

Abb. 98. Schwenkbarer Doppelhalter für zwei Vielstahlbohrstangen an einem Bohrwerk.

müssen mindestens zwei Stangen (je eine zum Schruppen und Schlichten) ausgewechselt werden, die um so schwerer und unhandlicher sind, je größer das Werkstück ist, während beim Arbeiten ohne Vorrichtungen nur die leichten Schneidstähle auszuwechseln sind. Das Arbeiten mit Vorrichtungen bedeutet in solchen Fällen also eine wesentliche körperliche Mehrbelastung. Das Auswechseln der Stangen kann auch so lange dauern, daß die durch die Vielstahlstangen erzielten großen Zeitersparnisse (infolge Fortfalls der Nebenzeiten für das Einstellen des Schneidstahles und das Messen) wieder aufgehoben werden. Man muß daher Mittel und Wege suchen, um die Vielstahlstangen spielend leicht und schnell auswechseln zu können. Gelingt es nicht, diese Aufgabe befriedigend zu lösen, so ist die Wirtschaftlichkeit der meist sehr teueren Vielstahlstangen zum mindesten in Frage gestellt. Ein Beispiel für eine praktische Lösung ist in Abb. 98 dargestellt. Die Vielstahlstangen *a* und *b* werden abwechselnd benutzt, um eine vielstufige Bohrung eines Motorgehäuses herzustellen. Die Stangenführung der Bohrspannvorrichtung ist so eingerichtet, daß die Stangen trotz der hervorstehenden Schneidstähle nach rückwärts herausgezogen werden können. Vor dem Bohrwerk ist ein schwenkbarer Doppelstangenhalter so aufgestellt, daß man jede der beiden auf ihm ruhenden Stangen durch Schwenken des Ständers abwechselnd auf die Stangenführungen einfluchten und in Arbeitsstellung bringen kann. Da die

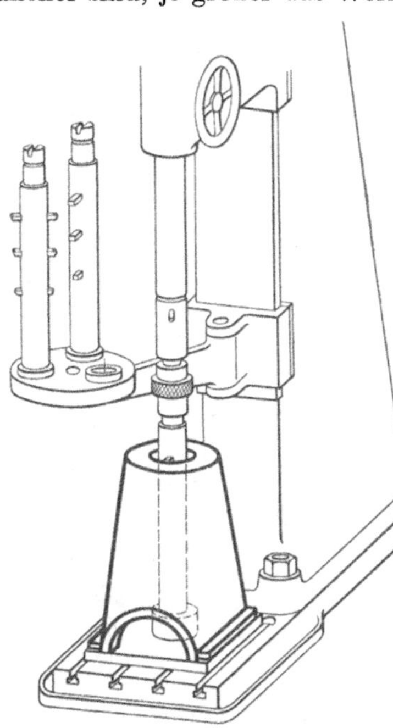

Abb. 99. Schwenkbarer Halter für Vielstahlstangen an einer Ständerbohrmaschine.

Stangen auf dem Ständer auf Rollen ruhen, so lassen sie sich trotz erheblichen Gewichtes spielend leicht in die Arbeitsstellung bringen. Mit der Maschine werden die Stangen durch Ausgleichskupplung und Bajonettverschluß verbunden (Abb. 68).

An Senkrechtbohrwerken müssen ebenfalls Abfangevorrichtungen geschaffen werden, sofern die Werkzeuge so schwer werden, daß sie von einen Mann allein nicht mehr bequem gehoben werden können. Ein Beispiel dafür zeigt Abb. 99. In diesem Falle wird mit drei Vielstahlstangen gearbeitet (zwei zum Schruppen und eine zum Schlichten). Die Vorrichtung besteht aus dem am Maschinenständer angelenkten Ausleger, der bei angehobener Bohrspindel mit der Aufnahmeplatte unter die Bohrstange geschwenkt werden kann. Nach Lösung der Verbindung zwischen Bohrstange und Bohrspindel kann man die Bohrstange durch die Aufnahmeplatte abfangen und fortschwenken und kann gleichzeitig eine andere in Arbeitsstellung bringen.

C. Praktische Winke für Leistungssteigerung.

Muß bei der Vielfertigung infolge sich steigernden Absatzes das Fabrikationsprogramm erhöht werden, ohne daß zunächst der Maschinenpark und die Räumlichkeiten erweitert werden können, so liegt es nahe, Überstunden oder Doppelschichten machen zu lassen, ohne die Leistung der Fabrikationsmittel selbst zu steigern. Das ist jedoch nicht richtig, denn abgesehen von den Überstunden, die sich von selbst verbieten, steigern sich mit der Einlegung von Doppelschichten auch in der Regel die Werksunkosten, so daß das Fabrikat anstatt weiter verbilligt, eher verteuert wird. Es müssen vielmehr Maßnahmen getroffen werden, die eine Verbilligung mit sich bringen. Das kann nur dadurch geschehen, daß man die vorhandenen Fabrikationsmittel leistungsfähiger gestaltet, indem man die Vorrichtungen sinngemäß ausbaut oder ergänzt, um hauptsächlich die Nebenzeiten zu verringern oder auch fast ganz zu beseitigen.

34. Steigerung der Leistung an Bohrmaschinen. An Bohrmaschinen kann man die Leistung oft ganz erheblich durch Vielspindelköpfe und durch Änderung oder Vermehrung der Vorrichtungen steigern, bisweilen sogar vervielfachen, denn die Durchzugskraft dieser Maschinen wird in den meisten Fällen bei weitem nicht voll ausgenutzt. In der gleichen Zeit, in der man ein Loch bohrt, kann man ebensogut zwei, drei und mehr Löcher bohren, sofern sie so günstig beieinanderliegen, daß die Konstruktion eines Mehrspindelkopfes keine Schwierigkeiten bereitet. Dadurch wird zunächst nur die reine Bohrzeit verkürzt. Da jedoch bisweilen die Nebenzeiten einen erheblichen Anteil an der Gesamtbohrzeit haben, so kann man, wenn man auch gleichzeitig die Nebenzeiten verkürzt, die Leistung noch weiter steigern. Das kann dadurch geschehen, daß man erstens, sofern es noch nicht geschehen, das Einspannen durch Hilfseinrichtungen wie Zubringer, Preßlufthebezeuge und dgl. beschleunigt und zweitens dadurch, daß man das Einspannen zeitlich in die Bohrzeit verlegt. Wie aus der zeichnerischen Darstellung Abb. 100 ersichtlich, kann man dadurch eine ganz erhebliche Mehrleistung der Maschine erzielen. Um die Spannzeit in die Bohrzeit zu verlegen, gibt es zwei Wege. Erstens: es wird noch eine zweite Bohrspannvorrichtung gleich der ersten hergestellt und beide Vorrichtungen wer-

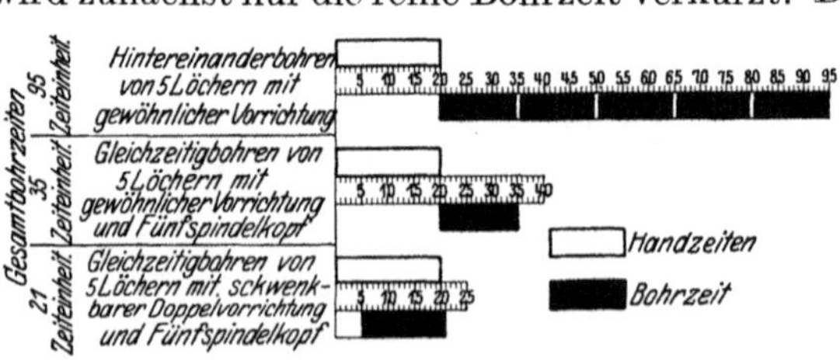

Abb. 100. Zeichnerische Darstellung der Zeitersparnisse durch Verwendung von Vielspindelköpfen und Verbesserung der Vorrichtungen.

den zusammen auf einem Schwenktisch befestigt, so daß man abwechselnd mit ganz kurzen Unterbrechungen für das Schwenken stetig in einer Vorrichtung bohren und in der anderen die Werkstücke ein- und ausspannen kann. In dem Beispiel Abb. 101 wird ein Loewe-Schwenktisch verwendet, der, obgleich für Fräs-

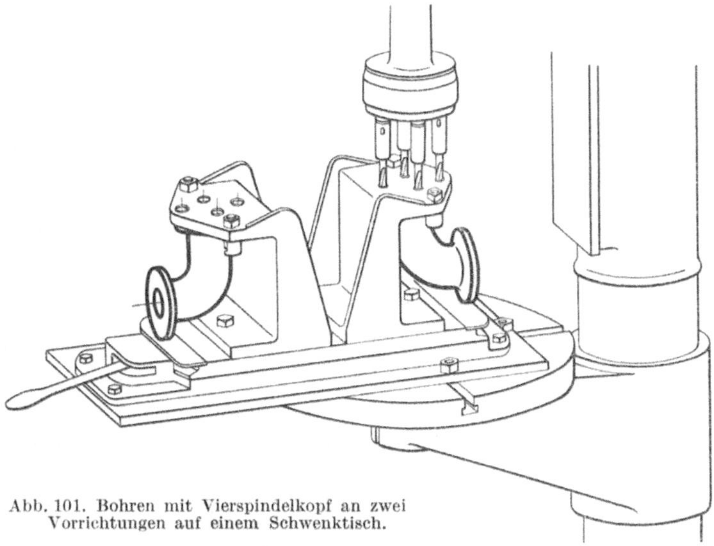

Abb. 101. Bohren mit Vierspindelkopf an zwei Vorrichtungen auf einem Schwenktisch.

arbeiten bestimmt, auch hierfür gut geeignet ist. In einem anderen Beispiel (Abb. 102) sind die Vorrichtungen unmittelbar auf dem Drehtisch einer Säulenbohrmaschine befestigt. Zur Unterstützung der jeweils im Betriebe befindlichen Vorrichtung ist der Stützbock *a* vorgesehen, der auch einen Feststeller besitzt, um die Vorrichtung in der Arbeitsstellung festzuhalten. Der zweite Weg ist folgender: es wird eine ganz neue schwenkbare Vorrichtung gebaut, die in jeder Beziehung den höchsten Anforderungen für den Betrieb mit einem Mehrspindelkopf entspricht. Im II. Teil (Heft 35) sind einige derartige Vorrichtungen gezeigt, die mit Preßluft betätigt werden. Der schwenkbare Aufnahmekörper bzw. Zubringer dieser Vorrichtungen ermöglicht die Verlegung der Aufspannzeit in die Bohrzeit auf vorteilhafteste Art.

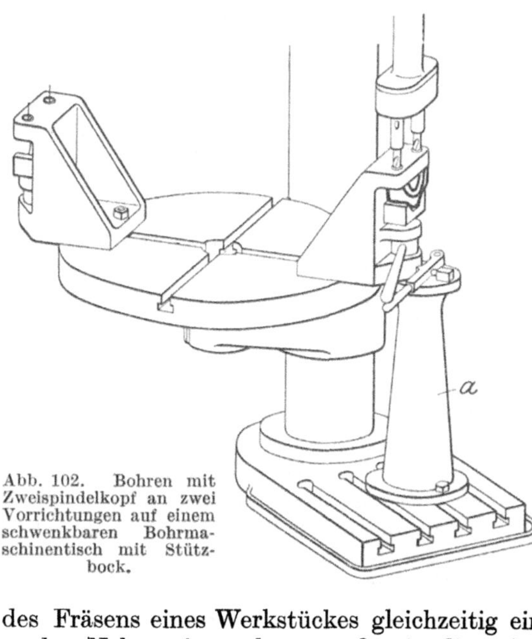

Abb. 102. Bohren mit Zweispindelkopf an zwei Vorrichtungen auf einem schwenkbaren Bohrmaschinentisch mit Stützbock.

35. Steigerung der Leistung an Fräsmaschinen. Auch beim Fräsen kann man die Leistung ganz wesentlich dadurch erhöhen, daß man die Nebenzeiten in die Schnittzeit verlegt, also während des Fräsens eines Werkstückes gleichzeitig ein anderes aufspannt. Ist die Summe der Nebenzeiten ebensogroß wie die reine

Schnittzeit, so wird die Leistung verdoppelt. Beim Planfräsen kann man nun dadurch die Leistung aufs höchste steigern, daß man eine Reihenrundbearbeitungsspannvorrichtung anfertigt, mit der es möglich ist, stetig zu fräsen (s. 1. Teil, Abb. 197—200). Da eine derartige Vorrichtung aber eine große Anzahl von Spanneinheiten benötigt, so macht sie sich in der Regel nur bei fortlaufender Massenfertigung bezahlt. So ziemlich derselbe Erfolg wird bereits erzielt, wenn eine zweite Spannvorrichtung gleich der ersten angefertigt wird und beide auf einem Rundtisch gegenüberliegend aufgespannt werden. Nach dem Fräsen eines Werkstückes wird der Tisch, dessen Antriebsschnecke auslösbar sein muß, schnell bis zu dem inzwischen aufgespannten neuen Werkstück herumgeschwenkt. Ein Beispiel dafür zeigt Abb. 103. Für den gleichen oder ähnlichen Zweck werden auch besondere Schwenktische in den Handel gebracht, wie bereits einer in dem Bohrbeispiel Abb. 101 angewendet worden ist.

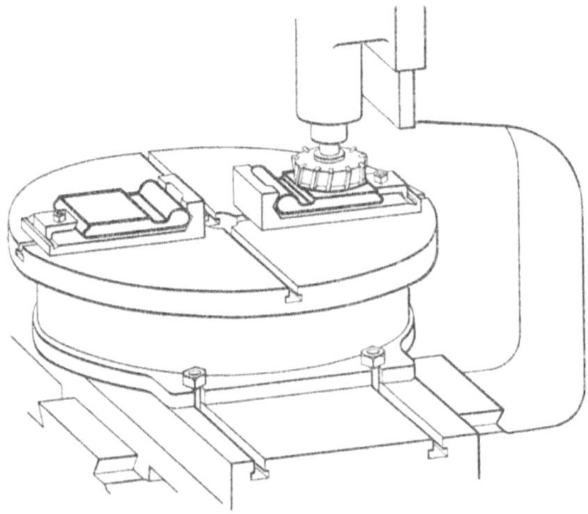

Abb. 103. Fräsen mit zwei Vorrichtungen auf einem Rundtisch.

IV. Aufbewahrung und Instandhaltung der Vorrichtungen.

Betriebe ohne ausgesprochene Vielfertigung bewahren die Vorrichtungen, die da und dort gelegentlich benutzt werden, so gut oder so schlecht es eben geht in der Werkzeugausgabe auf, oder dort, wo gerade Platz dafür ist. In der Regel legt man auch nicht mehr Wert auf Überwachung und Instandhaltung als bei gewöhnlichen Normalwerkzeugen. Bei richtiger Vielfertigung jedoch, wo für die Bearbeitung jedes einzelnen Werkstückes allein schon eine kleinere oder größere Anzahl Vorrichtungen erforderlich ist, und eine Bearbeitung ohne Vorrichtungen kaum noch in Frage kommt, geht das nicht mehr. Es würde zu fortwährenden Stokkungen und großer Unordnung führen. Die Aufbewahrung, Überwachung und Instandhaltung des Vorrichtungsparkes ist hier eine durchaus lebenswichtige Angelegenheit, die man auf eine besonders zweckmäßige und praktische Art regeln muß. Alle Mittel, die man dafür aufwendet, um die Vorrichtungen in steter Betriebsbereitschaft zu halten, machen sich vielfach wieder bezahlt. Anderseits können dadurch, daß Vorrichtungen zu gegebener Zeit nicht gebrauchsfähig sind, Zeitversäumnisse entstehen, die nicht wieder einzuholen sind und schwere Einbußen zur Folge haben. Auch werden Vorrichtungen, die nicht richtig in Ordnung sind, die Leistungen der Maschinen verschlechtern, genau so als ob diese selbst nicht in Ordnung wären. Die nachfolgenden Ausführungen können nur ungefähr einen Anhalt dafür geben, wie Aufbewahrung und Instandhaltung geregelt werden können, denn die räumlichen Verhältnisse, Art der Vorrichtungen und ihre Empfindlichkeit müssen in jedem Einzelfalle mit berücksicht werden.

36. Wo und wie die Vorrichtungen aufzubewahren sind. Am richtigsten erscheint es, alle Vorrichtungen, die keinen festen Standort haben, in einem Sammellager aufzubewahren, weil sie dort am übersichtlichsten zu ordnen und zu überwachen sind. Zu empfehlen ist das auch, wenn durchweg nur kleinere Vorrichtungen in Frage kommen. Sind jedoch auch größere Vorrichtungen darunter, die schwerer zu befördern sind, so muß man aus praktischen Gründen bereits Ausnahmen machen und diese Vorrichtungen dort aufbewahren, wo sie am meisten benutzt werden, also in der Nähe einer Maschine oder Maschinengruppe. Ein bestimmter Platz muß jedoch dafür vorgesehen werden, damit die Übersichtlichkeit nicht verloren geht. Sowohl diese, wie die im Sammellager untergebrachten Vorrichtungen müssen von einem Fachmann verwaltet werden, der für die stetige Betriebsbereitschaft verantwortlich zu machen ist. Zur Prüfung der Betriebsbereitschaft der Vorrichtungen ist es erforderlich, daß alle losen Einzelteile, wie z. B. Wechselbuchsen, Spannkeile, Sonderschraubenschlüssel und sonstige Hilfseinrichtungen, ferner alle Sonderwerkzeuge auf einer Lagerkarte verzeichnet werden, die im Kopfe Werkstückbezeichnung, Arbeitsplannummer und Art der Bearbeitung bzw. Arbeitsstufennummer tragen muß. An Hand dieser Lagerkarte sind die Vorrichtungen einzuordnen, und zwar die Vorrichtung allein oder zusammen mit dazugehörigen weiteren Vorrichtungen, entweder in einem Regal des Vorrichtungslagers, oder wie bereits erwähnt an einem dafür bestimmten Platz in der Werkstatt. Alle zur Bedienung und zum Betriebe der Vorrichtungen erforderlichen Ausrüstungsgegenstände bzw. Werkzeuge sind in einem beweglichen Ordnungskasten unterzubringen, der vom Vorrichtungsbau gleich mitzuliefern ist. Die Abmessungen der Ordnungskästen sind natürlich in verschiedenen Größen zu normen, damit die Kästen in Schränken (Abb. 104) oder Regalen des Lagers während der Nichtbenutzung und im Betriebe in dafür vorgesehenen Haltern der Maschine untergebracht werden können. Es ist auch sehr zweckmäßig, die Ordnungskästen mit dauerhaften festen Inhaltsverzeichnissen zu versehen, so daß man den vollständigen Inhalt ohne weiteres nachprüfen kann. Eine gute Übersicht hat man auch schon dadurch, daß für jedes Stück im Kasten ein besonderer ganz bestimmter Platz vorgesehen wird und beim Fehlen eines Stückes eine Lücke entsteht.

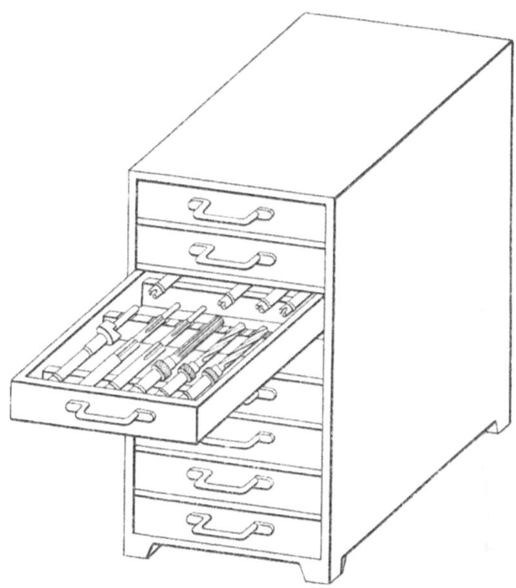

Abb. 104. Schrank mit Werkzeugordnungskästen.

37. Aufbewahrung der zum Betriebe der Vorrichtungen erforderlichen Normalwerkzeuge. Vielfach ist es üblich, die zum Arbeiten mit den Vorrichtungen erforderlichen Normalwerkzeuge nicht in die Ordnungskästen mit aufzunehmen, sondern von Fall zu Fall besonders aus der Werkzeugausgabe zu empfangen. Das ist richtig, wenn es sich um teure Werkzeuge handelt und die Vorrichtungen nur in größeren Zeitabständen benutzt werden, um kein totes Kapital unnötig anzuhäufen. Durchaus falsch ist es aber, dasselbe Verfahren auch bei kleinen und billigen Werkzeugen anzuwenden. Die Normalbohrwerkzeuge fallen nämlich unter sich so verschieden aus, daß sie oft beim Ausprobieren der Vorrichtungen besonders ausgewählt werden müssen. Das betrifft nicht nur den Durchmesser, sondern oft auch die Länge, die durch die Abnutzung besonders veränderlich ist. In allen Fällen also, wo die Werkzeuge besonders ausgewählt werden müssen, ist es zweckmäßiger, diese dauernd im Ordnungskasten zu lassen. Viel Ärger, Zeit und Geld wird dadurch erspart. In jedem Falle ist es aber erforderlich, daß ein Platz für jedes Werkzeug im Ordnungskasten vorgesehen wird.

38. Instandhaltung der Vorrichtungen. Die Vorrichtungen sind nicht nur einem natürlichen Verschleiß unterworfen, sondern sie können auch durch falsche Behandlung oder durch Fahrlässigkeit bei der Beförderung oder im Betriebe beschädigt werden. Der Verschleiß macht sich dadurch von allein bemerkbar, daß die damit hergestellten Werkstücke nicht mehr genau genug ausfallen, und die Beschädigungen hauptsächlich dadurch, daß die Herstellungszeiten nicht mehr eingehalten werden können. Bei ordnungsgemäßer Betriebsführung wird also in jedem Falle eine etwa notwendig werdende Reparatur sich selbsttätig anzeigen. Trotzdem wird eine regelmäßige, wenn auch nur flüchtige Kontrolle in größeren Zeitabständen zweckmäßig sein. Besonders gründlich müssen die Vorrichtungen aber dann untersucht werden, wenn sich unzulässige Fehler an den Werkstücken zeigen. Dafür, daß die Vorrichtungen rechtzeitig untersucht und repariert werden, ist der Lagerverwalter verantwortlich zu machen. Das geschieht am besten dadurch, daß Fehler, die sich zeigen, in ein im Vorrichtungslager ausliegendes Lagerbuch eingetragen werden. Dieses Buch ist etwa in der Weise zu führen, daß auf jede Seite nur eine Vorrichtung eingetragen wird und somit Platz genug bleibt, um alle Fehler eintragen zu können. Ferner muß Raum vorhanden sein für Vermerke über veranlaßte und erledigte Reparaturen. Die Seiten des Buches erhalten die fortlaufenden Nummern der Vorrichtungen.

39. Ersatzteilbeschaffung. Für alle Teile an Vorrichtungen, die einem großen Verschleiß unterliegen und öfters erneuert werden müssen, sind Ersatzstücke vorrätig zu halten, damit während des Betriebes keine nennenswerten Unterbrechungen auftreten können. Besonders ist es dringend notwendig, alle Sonderschneidwerkzeuge in so großer Zahl auf Lager zu halten, daß man nicht auf das Schärfen warten muß. Alle Ersatzteile sind am zweckmäßigsten in einem abgesonderten Lager aufzubewahren, das mit der Werkzeugausgabe verbunden werden kann. Selbstverständlich ist jedes Stück mit Ausnahme der Normalteile so zu zeichnen, daß die Zugehörigkeit sofort erkennbar ist. Alle zerbrochenen, abgenutzten oder stumpfen Teile bzw. Schneidwerkzeuge werden in diesem Lager umgetauscht, das seinerseits im Vorrichtungsbau Ersatz bestellt. Die Anzahl der vorrätig zu haltenden Teile muß im Lagerbuch festgelegt werden.

GPSR Compliance

The European Union's (EU) General Product Safety Regulation (GPSR) is a set of rules that requires consumer products to be safe and our obligations to ensure this.

If you have any concerns about our products, you can contact us on ProductSafety@springernature.com

In case Publisher is established outside the EU, the EU authorized representative is:

Springer Nature Customer Service Center GmbH
Europaplatz 3
69115 Heidelberg, Germany

Batch number: 10682323

Printed by Printforce, the Netherlands